当励志不再见效

DANG LIZHI BUZAI JIANXIAO

一流人才必备的12种特质

戴维斯 编著

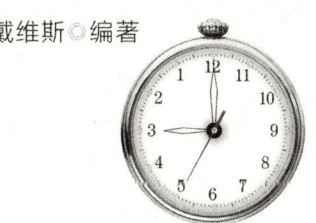

中国华侨出版社

图书在版编目（CIP）数据

当励志不再见效：一流人才必备的 12 种特质 / 戴维斯
编著 . —北京：中国华侨出版社，2017.3
ISBN 978-7-5113-6706-8

Ⅰ . ①当… Ⅱ . ①戴… Ⅲ . ①成功心理—通俗读物
Ⅳ . ①B848.4-49

中国版本图书馆 CIP 数据核字（2017）第 050846 号

● **当励志不再见效：一流人才必备的 12 种特质**

编　　著 /	戴维斯
责任编辑 /	文　蕾
责任校对 /	高晓华
装帧设计 /	环球互动
经　　销 /	新华书店
开　　本 /	710 毫米 ×1000 毫米　1/16　印张 /15.5　字数 /198 千字
印　　刷 /	香河利华文化发展有限公司
版　　次 /	2017 年 5 月第 1 版　2017 年 5 月第 1 次印刷
书　　号 /	ISBN 978-7-5113-6706-8
定　　价 /	32.80 元

中国华侨出版社　北京市朝阳区静安里 26 号通成达大厦 3 层　邮编：100028
法律顾问：陈鹰律师事务所　　　　编辑部：(010) 64443056　　64443979
发行部：(010) 64443051　　　　　传　真：(010) 64439708
网　址：www.oveaschin.com　　　E-mail：oveaschin@sina.com

前言
PREFACE

在工作中取得不凡的成就,从而成就一流的人才是人人都渴望的,为了追求这些,我们曾一度沉迷于励志演讲和励志书籍,它们会在瞬间让人热血沸腾、激情澎湃。但是一段时间后,你觉得那种狂热的状态并不能真正将自己带入卓越的轨道。曾几何时,我们的感觉似乎已经被这些励志名言"鞭策"得麻木了,那些曾经激励我们的豪言壮语,似乎再也无法在我们心中泛起涟漪。究其根本原因仅仅在于励志属于短暂有效的"精神疗法",我们的潜意识似乎并没有真正地接纳它们。所以,我们一直走在阅读、聆听、宣传励志故事的路上,却并没有将其转化为个人的能力或习惯。

有句话这样是说的,你的能力让你走向成功,你的品格决定你在成功者的位置上坐多久。在很多时候,你之所以努力了,但仍旧达不到想要的目标,并非是缺乏激情和动力,缺乏智慧和能力,而是因为你缺乏成就一流人才的特质。所以,当你在为看了励志演讲或书籍而热血澎湃,或者在为读了心灵鸡汤而感动得热泪盈眶时,你该反思自我,这些能量真的会对你的人生起作用吗?你的不成功、不被人看重的人生格局真的会从此而扭转吗?实际上,当励志仅仅停留在理念阶段,其保质期是相当短暂的。我们要做的就是沉下心来,深入反思和挖掘自我,我的人生究竟缺乏怎样的成功特质,而不是去不停地抱怨自己不够励志、不够努力。

　　本书是一把与心灵鸡汤相反的解剖人心理、精神世界的手术刀。它以毫不留情的文字戳中了，人为什么天天身处励志世界，却无法让自己精神饱满地为自己的理想奋斗的原因。因为我们每个人都处在不同的现实境况中，要真正成就一流人生，成为职场中的一流人才，必须依靠踏实的态度与坚定的信念，如果没有脚踏实地的态度和渴望提升个人能力的信念，即便读再多的书，谈再多的心都是无效的！

　　本书以体察当下人普遍存在的精神误区为出发点，用透彻的语言、精准的例子从一流人才的特质入手，解读了励志不再有用的真正原因，并提出了要想成为一流人才所应掌握的提升和修炼方法。本书以精练、锐利的语言警醒众人，让人从自身的现实出发，脚踏实地地修炼自己的水平，提升自己的能力，真正成为职场中不可或缺的一流人才，真正迈入成功者的行列之中。

目录
CONTENTS

第一章　敬业：能力有限，努力无限

1. 你的工作就是你生命的投影　/ 2
2. 强烈的"不甘心"造就"不平凡"　/ 5
3. 以"主人翁"的心态真正关心你的公司　/ 7
4. 对你的本职工作满怀热情　/ 9
5. 你的职业就是你的事业　/ 12
6. 牺牲是代价，成长是结果　/ 14
7. 理解领导的艰辛，成为公司中值得信赖的人　/ 16
8. 要具备追求卓越，精益求精的精神　/ 19
9. 敬业精神＋脚踏实地＝成功　/ 21
10. 今天工作不努力，明天努力找工作　/ 23

第二章　业绩：衡量工作状况的标尺

1. 企业重视的是你取得了多少业绩　/ 26
2. 找准打开困境的"钥匙"，是能够走出来的关键　/ 28

3. 聪明地工作，提高工作质量 / 31

4. 做企业中不可替代的员工 / 33

5. 业绩与薪酬成正比 / 35

6. 工作不能"蜻蜓点水"，"深耕"才会出业绩 / 37

7. 业绩是你最好的"证明书" / 40

8. 业绩的量变到质变，"金子"的光芒遮不住 / 42

9. 唯有表现出色，才能获得认可 / 44

第三章　节约：浪费别人的成本，输的是自己的能力

1. 节约时间就是赚取成本，浪费时间就是浪费生命 / 48

2. 只有成本"小了"，企业才能"壮大" / 50

3. 企业需要注重节约的员工 / 52

4. 树立成本意识，养成节约的好习惯 / 55

5. 不要把年会的"盛宴"变成"剩宴" / 57

6. 提升节约意识 / 59

第四章　感恩：你的机会和收获远胜于报酬

1. 客户为悦己者合作，业绩为悦己者增值 / 62

2. 有对手才能更完美，有竞争才会"力争上游" / 64

3. 感谢老板帮你验证了你的人生价值 / 66

4. 工作是一种实现自我价值的平台 / 68

5. 同事的配合铸就了你的今天 / 70

6. 勇于接受批评 / 72

7. "压力"是激发个人潜能的"恩人" / 74

8. 知足也是一种感恩 / 76

第五章　积极：努力进取，全力以赴

1. 从"要我做"到"我要做"，不须扬鞭自奋蹄　/80
2. 不要懒惰懈怠、安于现状　/82
3. 将解决问题当成自身的义务　/85
4. 好员工的标准：服从、执行　/87
5. 生命在于运动，工作在于主动　/90
6. 力所能及的工作没有分外事　/92
7. 你是全力以赴，还是尽力而为　/95

第六章　合作：团队第一，个人第二

1. 服从即是一种合作　/100
2. 工作中没有"超人"只有"众人"　/102
3. 听从分配，认清自己的位置　/104
4. 不要成为团队中的最"短板"　/106
5. 激励你的同事，让团队结成"兄弟般的友情"　/109
6. 重视团队合作，不要"单兵作战"　/111
7. 工作中不吃"独食"，积极地与同事分享　/113
8. 集全力于一点，才能射中"靶心"　/115
9. 沟通是促进合作最有效的手段　/117
10. 真诚的合作源于彼此的信任　/119

第七章　效率：心无旁骛，工作第一

1. 拖延是"事业的绊脚石"　/122
2. 牢记"要事第一"，给自己安排一个"优先表"　/124

3. 过于追求完美会导致低效率 / 126

4. 告别穷忙、瞎忙 / 128

5. 陷入"焦头烂额"时,你需要先理清思路 / 131

6. 严格履行工作流程,是效率的保障 / 133

7. 聪明的"懒汉"胜于忙碌的"工蜂" / 135

第八章 责任:绝对没有借口,保证完成任务

1. 你可以没能力,但不能没责任心 / 140

2. 借口越圆满,成功离你越远 / 143

3. 得不到机会,要先从自己身上找原因 / 145

4. 主动承担错误,拿起"问题皮球" / 148

5. 没有做不好的工作,只有不负责任的员工 / 150

6. 责任心往往都藏在"细节"中 / 152

7. 责任引领卓越,放纵意味着平庸 / 155

8. 即使是1%的平凡事,也要投入100%的专注 / 157

9. 做一个"大事可托"的员工 / 159

10. 勇于负责是晋升的捷径 / 161

11. 要负责任,首先要坚持你的"职业操守" / 164

第九章 自律:没人看管,也能认真工作

1. 投机取巧只会毁了你的前途 / 168

2. 不懂得自律的人无法成功 / 170

3. 不以恶小而为之 / 172

4. 自律是工作成功的"基石" / 175

5. 制度不执行,比没制度危害更大 / 177

第十章　沟通：倾听对方的想法，表达自己的意见

1. 做到有效沟通，不造谣生事　/182
2. 学会主动沟通　/184
3. 把握好沟通的分寸　/187
4. 带着方案去沟通，有"备"才能"无患"　/189
5. 胸怀大局，不要报喜不报忧　/191
6. 做到用心去沟通　/193
7. 充分沟通，理解对方意图　/195
8. 真诚是沟通中的"先锋官"　/197
9. 沟通能够让你及时调整工作策略　/199

第十一章　忠诚：不是从一而终，而是职业道德

1. 想尽办法为公司创造收益　/202
2. 时刻注意维护公司的利益和形象　/203
3. 你为公司构想未来，公司为你创造未来　/206
4. 别因一点小利益而毁了你的大前途　/208
5. 成为让老板放心的员工　/210
6. 主动工作，不推卸责任　/212
7. 忠于本职工作，履行工作职责　/214
8. 忠诚的员工，才会受到老板的重用　/216

第十二章　谦虚：不自满者受益，不自是者博闻

1. 做好本职工作，不逾矩　/220
2. 不要卖弄老资格　/222

3. 抱怨被大材小用时，先评判自己是否真有才　/225
4. 居功自傲前先清醒地审视自己　/227
5. 不要做管理者手下的"刺儿头"　/229
6. 任何一位员工都有值得你学习的地方　/231
7. 别拿过去的成绩作为当下炫耀的资本　/233

第一章

敬业：能力有限，努力无限

敬业是一个人对自己所从事的工作及学习负责的态度，是在工作中流露的优秀品格。具有敬业精神和品格的员工，在工作中都能够自觉与自重。现在社会的发展很快，每个人的学历和知识水平相差的都不是很多。这个时候，企业中最需要的就是敬业的员工。

敬业是一个人成功的基础。一个敬业的员工，在工作中尽心尽力，每天都比自己的老板多工作一小时，不把自己的工作当成是一种任务去完成，而是当成兴趣爱好去做。他们始终保持一种尽善尽美的工作态度，满怀希望和热情地朝着自己的目标而努力，并且能够重视工作中的细节，不把工作做好誓不罢休。拥有这种品质的人，不仅仅能够获得丰富的工作经验，还能够在全身心投入工作的过程中找到快乐。

1. 你的工作就是你生命的投影

> 马丁·路德·金曾经说过:"如果一个人是清洁工,那么他也应该像米开朗基罗绘画、贝多芬谱曲、莎士比亚写诗一样,以同样的心情来清扫街道。他的工作如此出色,以至于天空和大地的居民都会对他注目赞美!"工作没有高低贵贱之分,每一份工作都是神圣的。一个人的工作态度折射着人生态度,而人生态度决定一个人一生的成就。

测验人的品质有一个标准,那就是工作时是否具有一种精神,即聚精会神、全神贯注,进入一种忘我的工作状态。一个人在工作的时候,至少要端正自己的态度,你必须知道你的工作不仅仅为了得到报酬,它还是你生命的投影。一个人的工作态度折射着人生态度,而人生的态度决定一个人一生的成就。敬业精神是任何企业中都必须具备的一种品质,拥有敬业品质的员工才能够在工作中,认真地走好自己工作中的每一步,做好自己的本职工作。只有你拥有敬业的态度,你才会以对待生命的态度去对待你的工作。

在这个世界上,工作没有高低贵贱之分。世界上没有卑微的工作,只有卑微的工作态度。在生活中,每一个人都不是从一开始工作的时候,就是公司的主管的,都是从一名普通的员工开始做起。一个人的心态对于工作来说很重要,一个人若是心态积极,无论他从事什么样的工作,他都会把自己的工作当成一项神圣的职责,并且怀着一份浓厚的兴趣将自己的工作做到最好。拥有这种态度的原因其实还是来自本身的敬业精神,福布斯曾说:"做一个一流的卡车司机比做一个不入流的经理更为光荣，更有满足感。"身在职场，每一个员工都要以认真、负责的工作态度对待你职业生涯的每一天，态度是每个人事业成功的基础。

曾经有一位心理学家在经过一家建筑公司的时候，看到三个不同的建筑工人正在修建一所大教堂。于是他进行了一项建筑工地的实地调查，他分别问这三个忙着敲石头的工人一个相同的问题："请问你在做什么？"

第一个工人听到心理学家的问题后，头也不抬地回答道："在做什么？你没有看到吗？我正在用这个沉重的要命的铁锤，敲碎这些该死的石头。这些石头特别硬，把我的手都震麻了，这可真不是人干的活啊！"

第二个工人有气无力地答道："我正在修房子，这可真的是一件苦差事。我在这里干着这种粗活，都是为了一家人的温饱，真的是没有办法。"

第三个工人则一脸愉快地说："我正在参与修建这座宏伟华丽的大教堂。建成之后，这里就可以容纳很多人来做礼拜。虽然敲石头是一件并不轻松的差事，但是我只要一想到到时候有无数的人能够到这来，接受上帝的爱，我就会对我这份工作心怀感恩。"

多年之后，心理学家在整理过去的调查记录的时候，忽然看到了这三个人的回答，于是对这三个人的现状产生了强烈的欲望，想要看看这三个工人现在过着怎样的生活。但是等他找到这三位工人的时候，结果让他大吃一惊。当年的第一个建筑工人现在依旧是一名建筑工人，仍然每天做着敲打石头和砌墙的体力活；而在施工现场拿着图纸的设计师竟然是当年的第二个工人；第三个工人，心理学家没费多少工夫就找到他了。因为他现在已经是一家建筑公司的老板了，前两个工人都在为他打工呢。

生活中，很多人就是文中的第一个工人，他们对于工作就是低头干活不看路，工作对于他们而言没有什么兴趣，属于当一天和尚撞一天钟的类型；第二个工人是生活中比较多的类型，将自己的工作当成一种谋生的手段，其实，工作的意义不仅仅在于可以为你获得一些报酬，同样可以换取一些工作和薪酬以外的东西；第三个工人是生活中为数不多的那种人，他们能够从自己的工作中一点一滴谋划着自己的未来，能够从工作中透视出未来的远景，从平凡的努力中积累未来的成就。现在手中的工作就是自己的作品，就是自己的成就，就是自己的骄傲。因为对于这样的人来说，工作的本身就是一种意义，而不是什么负担。

能够将自己的个人情感完全地融进自己的工作，这样的人对待工作更执着、更投入，更会想用工作的本身乐趣，也是最容易有成就的一种。其实，从文中的故事来看，能不能从自己所从事的工作中获得乐趣，归根结底是一个人的心态问题。乐观的心态能够让一个人在工作中保持良好的状态，能够让自己想办法走出困境。能够热爱自己职业的人，就会将自己的工作作为自己的事业去做，人可以平凡，但是绝不能平庸。那些将工作作为自己谋生手段去做的人，工作就是一种谋取生活的工具，意义其实并不大。最差的那种就是将自己的工作视为自己的负担的人，这种人永远都只会生活在疲惫之中，他们永远也找不到生活的乐趣。

2. 强烈的"不甘心"造就"不平凡"

> 埃及民谚:"世界上能登上金字塔的生物只有两种:一种是鹰,一种是蜗牛。不管是天资奇佳的鹰,还是资质平庸的蜗牛,能登上塔尖,极目四望,俯视万里,都离不开两个字——勤奋。"

一个人的成长过程中,环境、机遇、天赋、学识等外部因素固然重要,但更重要的是依赖于自身的勤奋与努力。如果说,忠诚和敬业是一个优秀员工的职业操守,那么,勤奋则是积极的工作态度与全身心投入的精神。这种勤奋的精神其实来源于一个人的强烈"不甘心","不甘心"工作就这样被糊弄完成,"不甘心"工作本来可以做得更好。拥有敬业精神的人,虽然能力不一定是公司里面最强的,但一定是公司里面最努力的。

一个员工如果不具备敬业精神的时候,他就不会对公司死心塌地,而是把工作当作取得面包、奶酪、衣物的一种不可避免的苦役。其实很多人都不知道,敬业的品质能够让人们强迫自己增加自己的阅历,发展自己优质的品格。不甘心的员工在工作中最直接的体现就是勤奋。因为倘若缺乏勤奋的精神,无论你怎么不甘心,你的工作量依旧堆成山不会减少。积极地做着自己的工作,也是敬业品质的体现。有人说:"缺少勤奋的精神,哪怕是天资奇佳的雄鹰也只能空振双翅;有了勤奋的精神,哪怕是行动迟缓的蜗牛也能雄踞塔顶,观千山暮雪,渺万里层云。"事业上的成功不单纯靠能力和智慧,更要靠每一个参与者的忠诚、敬业和勤奋的品质。

艾琳娜是一家文化公司的编辑，由于先天性左手残疾，所以她在电脑打字方面要比正常人慢很多，为了能够获得一份工作，她在面试进公司的时候就和领导承诺，自己不比那些正常人差，而且还要强一些。为了遵守自己的诺言，并且真的能够在自己的工作中不比那些同事差，艾琳娜每天下班之后都要写稿子写到大半夜。在很多同事出去玩和就餐的时候，她把自己能够利用的时间都拿来写稿子，每一个月的绩效考核她从来都是排在前三名。

领导一直看着绩效排名，对于艾琳娜的排名一直觉得很好奇，因为可以看得出，她左手的残疾确实对她产生了一些影响，按照常理来说，她的速度慢一些也是十分正常的，但是在艾琳娜的绩效记录中，她不仅不慢，反而超额完成了自己的任务。她的稿子很少有错误，很多地方都别出心裁。有的时候完成时间上还会排名第一，不仅仅速度上她是胜者，在质量上也是第一位。

有几次老板终于看到了艾琳娜的努力。很多同事都利用下午的时间到公司的餐厅喝下午茶了，但是艾琳娜拿着一杯茶，放在自己的桌子前，然后手又开始不停地忙碌起来了。听着噼里啪啦打字的声音不断，起初放在她身边的那杯茶已经有些凉了。老板走过去，悄悄地拿着她的杯子，然后换上了一杯热的茶放在了她的手边。忽然，艾琳娜一转身看到了自己的老板就在旁边，她很不好意地赶紧道谢。老板笑呵呵地说："努力的年轻人，你值得受到所有人的尊重。"

在企业中，勤奋的员工已经不多见了。很多人都是根据薪酬选择自己的工作内容和工作数量，其实，勤奋的工作是你挖掘工作潜在价值的重要途径，离开了勤奋，工作将变得索然无味，你当然也不要再指望有什么突破或者超越了。在企业中努力奋斗的时候，你要强迫自己换一个角度去思维，让自己每一笔业务都成为自己的代表作。为了能够持续地为他人创造价值，而且不必花费一分钱。你可以尝试用勤奋取代散漫与懒惰，要知道，你的目标和那些平庸之辈是不一样的，你要将自己的工作做得更好，你要不断地超越自我。

在职场中，最有价值的技能是为一切工作增加价值，最大限度地发挥你的积极主动性，并以勤奋努力实现你的目标。有句话说："强烈的欲望可以补救薄弱的意志，强烈的不甘心能够造就一个人的成功。"因为有了强烈的不甘心，你更应该努力地工作。也许你并不是工作能力最突出的一个员工，但是做一个最努力的员工，至少不会为了自己的能力不足而找借口。上帝从来都不拒绝努力的平庸者，勤奋能够让你获得不平凡的成功。

3. 以"主人翁"的心态真正关心你的公司

> 钢铁大王安德鲁·卡内基曾说："无论在什么地方工作，都不应把自己只当作公司的一名员工，而应该把自己当成公司的老板。"如果你把公司的事情当成自己的事情，就会发现以前工作的那些烦恼和不愉快都会一扫而光。

在企业中，如果每一个员工都能像自己的老板那样为公司尽心尽力，以老板的标准来严格要求自己，把公司的事情当成自己的事情，你就会发现之前对公司的抱怨和职责都会消失。在这个团队中，你的主管、你的客户，都是你的老板，你的工作态度必须要超越他们，否则你将永远是被他们指责的对象。当一个员工将自己的公司当成自己的家的时候，你就会发现公司的事情是你最好的"滋补品"，公司的业绩是你最好的"化妆品",公司的同事是你最亲密的"恋人"。工作中,老板和员工的差别是什么?你为什么只能是员工?那就是老板在公司发生问题的时候,积极地去寻找解决的对策,而你却是"事不关己,高高挂起"。

当你看到公司里的物品破损或者产生浪费的时候,你是袖手旁观还是像老板那样尽力阻止?当你看到公司的市场正在一点点地被对手侵蚀,你是漠不关心还是像老板那样积极地寻找对策呢?这些态度和行动都决定你是不是会成为一个不一样的员工,成为老板眼中最得力的助手。有人曾经问过这样的一个问题:老板和员工最大的差别是什么?其实最大的差别就是老板把公司的事情当作自己的事情,员工则喜欢把公司的事情当作老板的事情。在这两种不同心态的驱使下,他们工作的态度就截然不同。

周晓是一家文化公司的文字编辑,因为她是一名新员工,所以在稿子的署名权上依照公司的规定是没有的。她觉得自己辛辛苦苦写的稿件,最后没有署名权,也没有版权,这简直就是霸王条款,于是在写稿子的时候,就在网络上搜索大量的资料,没有做任何修改就粘贴在文件夹中,然后交到老板的手中。老板又将她整理的稿子送到了出版社审稿部门检查。

结果没过多久,她的稿子就被退了回来,而且老板被出版社的审稿编辑一顿训斥。老板很生气,对周晓说:"稿子其实即使没有署名权也是你自己的事情,如果稿子出现了问题,公司可以为你包赔一部分损失,但是大部分损失还是要你自己承担的。希望你下次写稿子的时候,好好地用心想一想。"

周晓并没有理会老板的说法,因为在她看来,自己能够拿到稿费,其他的她才不管。稿子虽然没有什么版权的问题了,但是还是很难在市场中有什么其他的价值。她在公司做了几年的文字编辑,依旧是每天拿着微薄的稿费度日。但是同事小肖刚刚工作一年，老板不仅仅给了他署名权，而且他自己还写出了几本畅销书，工资就比小周多出一倍。周晓觉得老板太偏心了，同样的员工，自己资格这样老，却没有得到老板的重用，工资也少得可怜，最后辞职不干了。

  企业中对于公司的利益最关心的人莫过于老板了，任何对公司有利益的事情老板都愿意去做。但是企业中大多数的员工都是在老板的分配下完成自己的工作，拒绝做其他事情，因为觉得自己的薪酬之内，没有任何一点说自己要去做那些"不是自己的工作"。很多员工都是在上班的8小时之内为公司工作，下班之后自己和公司没有任何的关系。公与私在自己的头脑中区分得很明显，自己不是公司里的一部分，因为自己是受雇佣者。因为很多人有了这样的想法，所以自己永远也融不进公司，永远也无法成为优秀的员工。

4. 对你的本职工作满怀热情

> 美国著名作家、商界领袖弗雷德·史密斯根据自己多年管理组织经验得出了一个结论："大多数人都渴望体现自身的价值。"而拿破仑·希尔则对弗雷德·史密斯做了最好的补充："提供超出你所得酬劳的服务，很快，酬劳就将反超你所提供服务。"

  正所谓"人尽其才，才尽其用"。在企业中，如果你的付出能够超出老板所付的薪酬，试问，哪个老板会不喜欢这样的员工呢？如果你一直疑惑自己到底输在哪里，那么现在就有了答案。在所有的企业中，老板不会青睐那些只是每天8小时在公司得过且过的员工，他们渴望的是那些能够真正把公司的工作当成自己的爱好来做的员工。这样的员工能够在工作上积极地为公司想对策，总是超出工作的薪酬为公司超支服务。皮尔·卡丹曾经说："工作使我愉快，休息使我烦恼。"一个员工，要是对工作有了皮尔·卡丹大师的这种感情，就会觉得工作越干越有劲，人越活越年轻，道路越走越宽广。

能够让自己超出薪资地付出劳动，其实也是一种敬业精神的体现。具备敬业品质的员工，在工作的过程中，不会总想着自己薪酬的多少应该干什么样的工作，而是还有什么事情自己没有做完，自己可以做得更好。现在很多企业中的员工都缺少这种品质，很多人都认为，自己出力，老板出钱，这属于等价交换，谁也不欠谁的，任何人都不用过分认真。实际上，如果你以这样的心态去面对你的工作，你永远只是一个普通的员工，永远都不可能有什么突破。

日本著名企业家井植薰说："对于一般的职工，我仅要求他们工作8小时。也就是说，只要在上班的时间内考虑工作就可以了。下班之后跨出公司大门，爱干什么就可以干什么。但是如果你只满足于这样的生活，思想上没有想干16个小时或者更多的念头，那么你这一辈子可能永远只能是一个一般的职工。否则，你就应当自觉地在上班以外的时间多想想工作，多想想公司。"

小林是一家公司的仓库点货员，公司每天都会有上百件货物从仓库进进出出，凡是经过小林登记的货物，从来都没有出现过任何的问题。每一天那些来领取货物的人总是将仓库弄得很乱，等到下班的时候，整理完仓库就会很晚了。别的仓库的员工，一看下班的时间到了，就直接将货物推进仓库，然后锁门交上记录表，就下班回家了。但是小林每一次都会将货物重新摆好，然后从头到尾清点一遍货物，再逐一登记，标记出销售最快的货物是哪一件，再把这件货物制作一个统计表。

有一天，已经是晚上10点多了，清理了一天仓库的小林终于忙完了，锁上仓库门打算下班回家。这个时候老板恰好去仓库旁边的车库取车，看到了这么晚才下班的小林。老板伸出头来看了小林一会儿然后驱车离开。连续几天，老板都能看到小林是最后一个离开的员工，老板忍不住好奇就将小林叫了过来，他问道："这么晚了，你怎么才下班啊？"小林从进公司开始就是点货员，还没有见过老板，也不知道眼前的人就是自己的老板。他笑着说："你也刚刚下班啊，你是咱们公司哪个部门的？"

听到他的问话，老板立即明白了这个员工还不认识自己，于是随口说是市场监察部的。小林才回答老板刚刚的问题说："你们市场监察部比我这个要高级多了，我不过就是每天点点货，然后做记录而已。"老板明知故问地说："那么简单你怎么做这么晚？"小林说："其实也不需要太晚，我也可以到点了就下班回家吃饭。但是这些货就这么扔在这儿，搞得这么乱，对明天来取货的人也不方便，而且这样很容易丢货的。"老板笑笑说："丢了货你就要赔钱了是吧？"小林说："其实我们可以在填单子的时候不显示，也不会查到丢货，因为很多人都这么干。但是我觉得这样不好，无论谁丢货了，都会很心疼。老板的钱也是钱啊！"听到这句话的时候，老板心里面一动，连忙问："你叫什么名字？明天到总经理办公室找我。"小林听到这句话的时候，傻傻地愣在那儿了。

如何让自己的人生价值得到实现，还能够在自己的工作中被老板赏识？那就是你需要让自己成为一个老板眼中最佳的员工。什么是最佳的员工？微软总裁比尔·盖茨说："一个优秀的员工应该对自己的工作满怀热情，当他对客户介绍本公司的产品时，应该有一种'传教士传道般的狂热'！"在企业中，一个员工只有把自己的本职工作当成自己的事业来做的时候，才能获得成就。

在企业中，很多人对自己的工作没有十足的热情，自然也不会为公司提供超出工作薪酬的服务。因为有了这样的想法，不具备优秀的敬业品质，最后导致很多人只是想做企业中的老人，而不是想做企业中的功臣。其实，如果你真的想实现自己的人生价值，你的努力工作就是其中的一个途径。抓住这个机会，在工作中拿出自己的热情，让自己超出老板所付的薪资地去工作，你会发现你一直都是老板重视的员工。

5. 你的职业就是你的事业

> 一位著名作家说："你如果打算为养家糊口，为义务去应对你的工作，那你一辈子都只会给别人打工。你唯一出人头地的原因就在于，你有野心，把工作当成自己的事业去经营。"

在职业的生涯中，很多人都觉得自己是一个打工者，而且常常以打工者的心态来看待自己。其实，这种人在职场中缺少的就是敬业的精神。也许有些人会说这似乎和敬业没有什么关系，但是实际上，一个人没有敬业的精神，在工作时就不会投入过多的精力，更不会把工作当成自己的事情。在任何的时候，工作都不是为了别人，而是为了你自己。如果你把工作当成一种义务，那么你最多就是"当一天和尚，撞一天钟"；如果你把自己的工作当成事业一样去奋斗，你将来所得到的就一定比你期望的高很多。

只有把自己的工作当成自己的事业，才能让自己去克服任何困难，不断地去激励自己，时刻充满热情地去面对每一次挑战，从而为自己的人生谱写更加美丽的篇章。有人说，如果你把工作只是当成一份工作、一种义务，你的人生就会在地狱中度过；如果你视工作为一种事业、一种乐趣，那么你的人生则会在天堂中度过。如果你将工作视为自己的事业，那么你就能像老板那样成功。

很多人都对"亚洲销售女神"徐鹤宁的名字耳熟能详，她被安东尼·罗宾称为"中国的乔·吉拉德"。徐鹤宁之所以能获得如此的成就，就是她时刻能将工作当成自己的事业去奋斗。

徐鹤宁在安之机构工作的时候，她曾经给自己定下每个月卖出500套安之教材的目标。当她的老师陈安之看到徐鹤宁的目标时，很温婉地说："鹤宁，你的年轻气盛和老师当年一模一样，但是凡事一定要从实际出发啊，你的目标确定不改了吗？这样的目标连我都不敢设立啊。"徐鹤宁知道老师的意思，但徐鹤宁自己知道，这份工作是自己事业的一部分，必须不断"逼"自己去努力，才能打好事业的基础。于是，她并没有因为老师的一番话改变自己的初衷。

也许很多人不知道，每个月卖出500套教材对很多员工来说真的是比登天还难，但是徐鹤宁却始终没有放弃过，她一遍遍地告诉自己："我是徐鹤宁，是独一无二的徐鹤宁，我的身体里流的是第一名的血液，我必须要为我未来的事业加油。"就是这样疯狂的目标逼迫着徐鹤宁每天起早贪黑，也是自我激励法支撑着不到23岁的徐鹤宁艰难地走在通往成功的道路上。

为了完成自己设下的大目标，徐鹤宁每天都会给自己设定一个小目标，如果完不成她就不回家休息。有一次，她就是因为没有完成目标，垂头丧气地走在马路上，正在她苦思冥想的时候，一辆商务车开了过来，徐鹤宁想都不想，直接冲上去将其拦下。车上的老板以为这位小姑娘遇到了麻烦，于是让其先上车，上车后，徐鹤宁才说明了自己的来意。那位老板就问："那你就不怕我拒绝吗？"这时候徐鹤宁坦然自若地说："这个工作就是我未来的事业，为了这份事业，我连死都不怕，还怕你拒绝？"就这样，那位老板冲着徐鹤宁的那股不顾一切的力量买下了一套教材。一个月下来，徐鹤宁完成了自己的目标，这令他的老师都敬佩不已。

徐鹤宁之所以能够取得最后的成绩，就在于她时刻将工作当成自己未来的事业去做，因此在任何时候都充满激情和热情，才会在困难面前坚持下去，取得常人难以企及的成就。从上文中，我们也不难看到徐鹤宁的敬业精神和优秀的品质。如果从现在开始，你也能像徐鹤宁一样，将自己的工作当成自己的事业一样奋斗，又怎么不会取得成功呢？在工作中，如果你只是想一辈子都只给别人打工，你就永远只是一个打工者。只有做好你手中的工作，将工作当成自己的事业去经营，并立下大志，最终总会创造属于自己的一番天地。

6. 牺牲是代价，成长是结果

> 松下幸之助说："你牺牲的越多，你为企业创造的价值也越多，那么你收获的就越多。不要取笑那些愿意为工作牺牲的人，而要努力成为这样的人。"

一个愿意为自己工作做出牺牲的员工，是最完美的敬业精神的体现。具有这种精神的职业人，往往在工作中能够得到比预期更多的回报。不愿意为工作做出牺牲的人，永远都是那些止步不前的人。你想要在职场中做一个前进者还是原地踏步者，这个选择权取决于你自己。个人为企业牺牲的越多，所创造的价值也越大。仔细观察一下你的周围，是否有那样一种人，不求回报地为公司和同事默默地奉献着，他们每天早晨到办公室为大家把窗子打开通风，中午的时候主动为大家订餐，晚上的时候能够认真检查电源在下班，他们是受大家欢迎的。

平时，经常做一些微不足道的事情，这才是一种最关键的奉献精神。当老板为你布置了一项任务的时候，你最好不要因为工作的困难而惧怕，先看看自己能不能以"牺牲精神"来战胜困难。很多职场中的成功人士都曾经为自己的企业牺牲了个人利益，所以他们也获得了相应的回报。不要去取笑那些愿意为工作做出牺牲的人，这其实是一件很神圣的事情。很多在职场中牺牲自己利益的人，都具有一种顽强的意志，他们能够经受考验，为自己能够承担责任而做好铺垫，这是很值得赞赏的、勇敢的行为。

崔健是出版行业中最普通的文字编辑，有一天他正和同事们顶着40度的高温，坐在没有空调的办公室里写稿子，恰巧遇到了前来洽谈工作的某出版社的编辑部主任马涛。马涛和崔健曾经是一起工作的老朋友。他们在办公室里进行了长达一个半小时的愉快交谈后，两个人热情地握手道别了。

马涛前脚儿刚离开，崔健的同事后脚就立马围上来，因为他们对于崔健能够有马涛这样的朋友感到既好奇又震惊。于是大家纷纷要求崔健将他与马涛的故事和盘托出。崔健无奈地解释说，6年前，他和马涛是同时为这家出版社工作的，并且当年两个人彼此都是最好的朋友。

听到崔健这么说，有一个编辑开玩笑地问："那为什么你现在仍然在做小编辑，而马涛却成为了主任呢？"听到同事这样一问，崔健沉思了一下，然后有点惆怅地说："当年我们的薪水是每千字2.5元钱，可以说是非常低的。我当时对这份工作不是很满意，但是也无可奈何。但是马涛却对这份工作特别上心，他几乎把自己的全部时间都花在了写稿子和研究选题方向上面了。每天下班之后还能看到他坐在电脑前忙碌，而我和其他人早就下班了。"

听到这里，很多同事都不再说什么，只是认真地听崔健说着。"在休息日的时候，也难得见他离开书店和电脑，他总是到书店看各种畅销书，即便生病了，他也坚持爬起来继续写稿子。如果这样的人当不了主任，谁还能当主任呢？"

生活中很多人都是同样的起点，但是最后的位置却截然不同。造成这种差距的原因就是牺牲精神。一个人愿意牺牲自己的个人时间和利益，就能获得上司的肯定和信任。付出总是有回报的，只要你肯努力工作，老板自然会器重你。员工的奉献精神更多体现在必要时为工作而牺牲自己的利益。当公司业务繁忙时，尤其是年底公司需要赶进度时，主动放弃休息时间，为公司尽一份绵薄之力；当个人荣誉和企业荣誉发生冲突时，暂时放下个人得失，尽可能先为企业荣誉考虑。哪怕你很平凡，但具有奉献精神的人永远值得尊敬。

7. 理解领导的艰辛，成为公司中值得信赖的人

> 如果你能换位思考，站在老板的角度去思考问题，充分理解老板的苦衷。你就能在老板不在的时候也能认真工作，在老板交代任务的时候，不会动用小心思，偷奸耍滑。

一些公司在招聘员工时，除了能力以外，个人品行也是很重要的评估标准。敬业作为企业员工最重要的优秀品质之一，一直都是企业选择员工的标准。对于企业来说，没有品行的人不能用，也不值得培养，因

为他们根本无法较好地完成任务。因此，作为一个员工，在为老板工作的时候，要真诚、负责地支持他的经营规则，和他所代表的机构站在一起。这不仅仅是一种负责任的表现，更是一种敬业的表现。站在老板的角度去思考和做你的工作，你就会发现自己对工作充满热情。

在企业中，从你去公司开始上班的第一天起，你就要试着去理解公司以及公司里面的人。你可以从公司的工作环境、规章制度、工作内容等去了解公司的企业文化，你还可以通过公司里面的人行事作风去了解你的同事、上司以及老板。了解了人的脾气和禀性、工作特征，你就能够理解他们处理问题的方式，你会发现很多事情其实并不像你想象的那样。你会发现老板考虑问题总是比普通的员工要多，员工虽然和老板是雇佣关系，实际上却和他在共同创造价值，共同分享经营的成果。

嘉熙亚是国内名牌大学毕业，专业水平高，人长得也漂亮。刚进公司的时候，面试她的主管让她做公司里面的薪酬统计。嘉熙亚觉得自己是学电子商务的，不应该做薪酬统计这种工作，可想到自己刚刚进公司，就无奈地忍了下来。但是做了一段时间后，看到上司没有给自己调换工作岗位的意思，她便每天消极地应付自己的工作，有一次主管找到嘉熙亚，和她说："小嘉，各省的区域经理的薪酬都交给你处理，弄好了，你告诉我一声啊！"嘉熙亚一想到这是自己不愿意做的活，现在又加重负担了。于是很不满意地说："我可干不了那么多。"

办公室里面所有的员工都听到了嘉熙亚这句毫不客气的回答，主管站在那里显得十分尴尬，然后很生气地问她："你干不了那么多，你能干多少？"嘉熙亚说："工资那么低，活却那么多。再说，我来公司是做电子商务的，不是做薪酬统计的。"主管生气地说："每一个进公司做电子商务的员工都要做三个月的薪酬统计，干的活和你的工资是成正比的，我给你加了工作内容，工资不会少给你。"

嘉熙亚没有继续说什么，扭过头在电脑面前使劲儿地敲键盘，按着计算器。很不高兴地做着自己的工作。旁边的同事小周看到了，说她："亚亚，再怎么不高兴也不能和主管那么说话啊。"嘉熙亚听到后说："那又怎么了？干得不开心就辞职，公司多得是，非要在这儿干啊！"嘉熙亚的这句话恰巧被公司的老总听到了，老总很不高兴地说："你随时可以向我递交你的辞职信，但是，我要告诉你年轻人，进入任何一家公司，如果不沉下心工作，你到哪一家公司都不会安稳。"

老板和员工之间需要建立一种互信的关系，当然，如果你的老板长期拖欠你的工资，你完全没有必要迁就。倘若真的是公司有困难，而且老板能够合理安排，你又有足够的心理和思想准备，就要试着去体谅一下老板的艰辛和困难。人人都想要做老板，但是老板很不容易做。首先，做老板要投资，自己资本金不够，往往还要去融资。公司有任何的风险和亏损，都要老板去承担，员工一般不必为此承担责任。如果在公司亏损破产抵债的时候，工人本身是不可能拿去抵债的，真正可以拿去抵债的是老板个人的财产。

你要理解你的老板，老板开公司的目的是为了赚钱。你如果站在老板的角度思考问题，也一定是想如果自己不在，员工也能一如既往地辛勤工作，各自做好自己分内的事情，能够时时刻刻地维护公司的利益。看到老板为你发的工资和奖金，还为你提供了工作的岗位，你怎么能不安心地工作呢？

8. 要具备追求卓越，精益求精的精神

> 19世纪德国著名天才卡尔·威特说："做事情力图做到更好，就是一种美德。"

在很多人的心中，敬业仅仅是一个概念，而不是一种实际行动。很多人并不能够深切地理解敬业对于一个人在职场中的影响，更不知道敬业作为一种职业习惯，把任何工作都能够做到极致，体验享受自己认真工作的快乐。当一个人将敬业精神融入到自己的工作中时，不但能够从中学到许多知识，积累许多经验，还能体验到工作的乐趣。对工作能不能做到精益求精，关键是要热爱自己的工作，发自内心去追求精益求精的目标，在工作中追求完美。

精益求精的前提就是要敢于让你的老板或者主管挑剔工作中的毛病。很多人在工作中总是抱怨别人对自己的期望值过高，其实，别人对你的期望值就是对你的信任，你怎么能因为别人对自己的信任而心生抱怨呢？要知道，如果你的老板能够在你的工作中找到失误，那就证明你还没有做到精益求精，请不要寻找任何借口，也不要搪塞或是掩盖自己的缺陷，如果你能够做到精益求精，怎么会有缺陷存在呢？在工作中只有做到精益求精，你的事业才能锦上添花。

李莹已经是有十年从业经历的老记者了，今天负责去采访一家成功的企业。这家企业是一个以促进国家资讯产业发展为目标的研究开发机构，公司的职员主要是从事计算机软件开发工作的。李莹采访的时间被安排在下午6点半，当她和摄影师以及其他工作人员走进公司大门的时

候，发现整个大楼灯火通明，透过每一间办公室的玻璃隔墙，李莹和几个工作人员发现，员工们都在聚精会神地工作，似乎没有谁准备"提前"下班。

李莹不禁诧异道："你们这里的上下班是不是同其他的工作单位不一样啊？"接待李莹的副总经理说："不，完全一样，其实早就该下班了。也不是因为你们来，才表现出这样子的，他们已经习惯于把一天的目标完成再离开办公室，而员工各自制订的目标都是满负荷的。所以，你很难看到他们在晚上9点钟以前就离开办公室的。"

李莹惊奇地问："那么，是不是他们早上要来得迟一些呢？"

"不会的，来晚了会没有停车位，反而更麻烦。"副经理笑着回答。

李莹和几名工作人员一直都很好奇，到底是什么精神支撑着他们如此勤奋地工作呢？于是，李莹对这里的员工进行了一次简单的访问，根据大部分员工的回答，李莹总结出：从事计算机程序设计的工作，始终存在着一种追求完美的心态，每个人都试图把自己设计的程序更加合理化，试图使自己设计的程序更加有效率。这实际就是一个精益求精的过程，当这个过程被大家常态化的时候，他们都不会认为每天多工作几个小时是件吃亏的事情，反而觉得上下班高峰时段堵车才是对宝贵生命的最大的浪费。

为什么这个企业能够在市场上具有那么大的竞争力，其实，和这个企业员工精益求精的追求是分不开的，与他们敬业的精神也是分不开的。有一句广告词说：没有最好，只有更好。一个优秀的员工对待工作的态度也应如此，唯有如此，才能保持旺盛的工作热情，才能把工作做得更好，也才能不断进步。精益求精是一种追求、一种境界。员工只有具备追求卓越、精益求精的精神，才能为企业保驾护航。

9. 敬业精神＋脚踏实地＝成功

> 李嘉诚说："不脚踏实地的人，是一定要当心的。我看人并不保守，但是我认为，一个根本不好的人，还不懂得脚踏实地，这样的人信用就有问题，无论你如何有才，都是第二位的。"

曾经有记者采访李嘉诚时问道："你的企业在选择和启用年轻人的标准是什么？什么样的人是你最喜欢的？什么样的人您不敢用？"李嘉诚语重心长地回答："不脚踏实地的人，是一定要当心的。我看人并不保守，但是我认为，一个根本不好的人，还不懂得脚踏实地，这样的人信用就有问题，无论你如何有才，都是第二位的。"这样看来，只有具备脚踏实地精神的人才可能取得事业上的成功。

敬业精神是企业员工必备的优秀品质，脚踏实地正是敬业精神的一种表现。马云曾经有过这样的一番精辟的论断："所有的 MBA 进入公司之后，首先都要从最基层的销售员做起，如果在 6 个月之后能够留下来，就可以继续留任。因为我想给他们更多的时间进行历练，只有沉得低，才能够跳得高。"

作为一个具有责任感的员工，你必须知道，任何的工作都没有你想象的那样完美，都有不尽如人意的地方。尽管如此，你仍然需要正确地对待你的工作，认真处理你工作中出现的问题，迎接工作中的各种挑战。要勇于从小事做起，要有敢于吃苦的精神。只有在小事中不断地提高自己的能力，才能迎来更加美好的职业前景，最终的理想才能得以实现。

当励志不再见效：
一流人才必备的12种特质

刘明浩是一家大型机械生产公司的董事长，通过十几年的打拼，他将自己规模不大的厂子发展成为当下的上市公司。在接受媒体采访时，他深有感触地说起了自己的成长经历。

在刚刚上班的时候，刘明浩只是一个车间实习生。公司从原材料、制浆、再生产到出厂，所有的生产流程一共有25个车间，他被安排到其中的10个重点车间去实习。主要目的是进一步了解公司的情况，熟悉公司的设备运作与生产流程，同时还要与职工进行沟通，参加各种体力劳动，经受酷暑和体力劳动的考验以磨炼自己的意志。

刘明浩豪情万丈地开始工作，因为他觉得自己需要这样的一个锻炼和接受考验的机会，这是他在公司站稳脚跟的基础。刘明浩在车间一丝不苟地工作，他十分注意观察和了解公司的工艺流程、掌握生产原理，并与员工聊天，不断地拉近与他们之间的距离，他还会主动参与搬运、推车、打件等等这些极为细微的工作。

实习车间的温度高，每天早上6点多钟他就进了车间，不到几分钟，刘明浩的衣服就被汗水浸透了，一天要换几件衣服，但是他觉得正是实习期的辛苦，才让他更彻底、更详细地了解了公司的运作流程以及各个部门的生产细节，这为他以后改进生产工艺奠定了坚实的基础，也是他将企业做大做强的基础。

由此可见，一个人的才能和经验都是从基层的各种细节工作学起的，只有脚踏实地，一点一滴不断积累，才能够一步一步地迈向成功。从文中也不难看出刘明浩的敬业精神，他脚踏实地的工作也是敬业精神的一种体现。正是因为具备敬业精神和脚踏实地的工作作风，他才最终获得了事业上的成功。

一个人要想成就自己的事业，就要知道这样一个公式：成功＝敬业精神＋脚踏实地。

10. 今天工作不努力，明天努力找工作

> 有人说："我永远相信只要永不放弃，我们还是有机会的。最后，我们还是坚信一点，这世界上只要有梦想，只要不断努力，只要不断学习，不管你长得如何，不管是这样，还是那样，男人的长相往往和他的才华成反比。今天很残酷，明天更残酷，后天很美好，但绝大部分是死在明天晚上，所以每个人都不要放弃今天。"

有人说，一个人的工作态度折射着一个人的人生态度，而一个人的人生态度决定了一个人一生的成就。很多人在工作中整天唉声叹气，因为觉得自己的能力很强，但是却得不到老板的重用。为什么呢？其实，重要的是你缺少了一点点敬业精神。很多人在工作中并不知道尊重自己的工作。网络上有句话说"今天工作不努力，明天努力找工作。"不愿意为自己的工作付出，工作怎么可能回报给你惊喜呢？

敬业是一种勇于负责任精神的体现，只有拥有这种优秀品质的人，才能够赢得人们的尊重。一个有敬业精神的人，才能够真正为企业的发展做出贡献。敬业的员工之所以要尽力做好自己的工作，不仅仅是为了给老板一个交代，更重要的是这是一个职业人必须具备的职业道德。如果我们具有敬业精神，并且能够将敬业作为自己的职业习惯，我们就能够从中获益。

丫丫大学毕业以后，在一家著名的酒店当了服务员。这是她找的第一份工作，她默默地跟自己说："一定要好好干，将来成就一番大事业。"但是事情并没有她想象的那样好，在新员工受训期间，主管竟然安排她洗马桶，而且更为过分的是，要求必须把马桶擦得光洁如新。

当励志不再见效：
一流人才必备的 12 种特质

谁会喜欢这样的一份工作呢？更何况还要擦得光亮如新。当她拿着抹布伸向马桶的时候，她感觉喉咙阵阵发紧，胃里面翻江倒海，想要呕吐却没有吐出来。她很郁闷地想：我是个大学毕业生，凭什么要做这种工作？这不仅什么都学不到，还会把胃折腾坏了。

为此，她对在这家酒店一展拳脚不再抱任何幻想。如果继续做下去，什么时候才算一站？自己现在也不小了，也该为自己选择一条路了，或者另谋高就，或者回去准备继续考研。就在她犹豫不决的时候，一位前辈帮助他摆脱了困惑。他亲自在丫丫的面前洗马桶，一遍又一遍，直到擦得光洁如新，然后，还在马桶里盛了一杯水，喝了下去。

面对眼前的场景，丫丫感到十分惊讶，她顿时恍然大悟。她感觉到自己的工作态度出现了问题，于是痛下决心："就算一辈子洗马桶，也要做一名最出色的洗马桶人！"

从此以后，她非常严格地要求自己，将马桶擦得光洁如新。十年以后，她成为了这家酒店的老板。

无论你今天站在哪个位置，这都不重要，下一步要迈向哪里才是非常关键的。不管我们现在从事的工作多么辛苦，只要有强烈的进取心和敬业精神，只要不局限于狭小的圈子，只要我们强烈地渴望攀登成功的巅峰并愿意为此付出艰辛的努力，任何障碍就都阻挡不了成功的步伐。为自己的人生、为自己的理想、为自己的将来、为自己的成功而努力奋斗吧！

一个时刻以公司利益为重的人，必然是个敬业的人。在职场中，最大的财富就是敬业，敬业最大的受益者就是我们自己。当一个人养成对事业高度的责任感和忠诚感之后，他就会成为一个值得信赖的人，就是可以被委以重任的人；如果一个人不具备敬业品质，就容易养成懒散、推诿、颓废、不认真、不负责的做事态度，这样就很难在职场中立足，当然，这样的人也是不可能成功的。

第二章

业绩：衡量工作状况的标尺

  成绩是一个员工在企业中最重要的品质表现之一，一个员工的成绩体现了他能否在企业中更好的发展，是否具有竞争力。尤其是在用成绩说话的现实社会中，疲劳和苦劳都不如功劳能够帮你堵住所有人争议的嘴巴。成绩的忧患意识决定了你在接到自己工作的时刻，首先想到要如何去做到最好。最优秀的员工不一定是最努力的员工，成绩遥遥领先的员工却有很多优秀的地方。成绩是你在工作的过程中，需要拼尽全力去获得的。遇到困难的时候需要首先找到解决的方案，让自己更聪明地工作，而不是低头蛮干。低头蛮干所获得的成绩永远没有你用脑子获得的成绩多。

1. 企业重视的是你取得了多少业绩

> 通用电气前CEO杰克·韦尔奇一直奉行这样的理论：不断地裁掉绩效最差的10%的员工，对公司的发展至关重要。各层经理每年要将自己管理的员工进行严格的评估和分类，从而产生20%的明星员工（"A"类），70%的活力员工（"B"类）以及10%的落后员工（"C"类）。落后就要被淘汰，这样的理念促使着通用电气不断进步。

员工的功劳和能力都是通过员工在企业中的成绩决定的。很多员工在企业中总是会说"我没有功劳还有苦劳呢"。其实，对于企业而言，苦劳远远没有功劳重要。为了取得业绩，员工需要让自己有计划地工作，并积极地寻找完成任务的方法和途径。如何能够运用巧妙的方法解决烦琐的问题，以轻松的姿态避免自己重复的工作，是一个优秀员工必备的素质。

无论苦干、巧干，出业绩的员工才会受到众人的肯定。企业重视的是你有多少"功"，而不是有多少"苦"。优秀的员工在工作中要避免闷头做事，要学会开动脑筋，聪明地做事。其实，谋事在人，成事更在于人。那些优秀业绩的员工，在计划好自己的工作后，一切事态就都已在自己的掌握中发展了。想要将自己的工作做好，仅凭"匹夫之勇"是没有任何意义的，只有那些按部就班，从始至终能够把手头的事情清楚地做好的人，才能保证自己后来的卓越业绩。

要想取得优秀的业绩，首先必须要严格遵守公司的各项规章制度，对待工作一定要认真，不要只注重表面。很多人喜欢将自己的工作寄托在下一次，每一次在经历失败的时候，都会表示下一次会做好。实际上，将自己的希望寄托在下一次的员工没有哪家公司会愿意雇用你，公司希望员工能够为公司带来经济效益，如果在工作中，你能够认真负责一些，那么，每一次的工作就都会给你带来斐然的业绩。

张辉是一家公司的普通职员，有一天老板吩咐张辉去买一套书回来。到了第一家书店，书店的老板对张辉说："真不凑巧，你要的书我们刚刚卖完。"张辉只好去第二家书店，这家书店的营业员让他等上三天，因为采购员已经进货了，三天后才会有。没有办法了，张辉又去了第三家书店，没想到这家书店根本就没有这套书。

当张辉从书店里出来的时候，发现已经是中午时分了，只好两手空空地跑回公司向老板复命。当张辉大汗淋漓地到老板的办公室后，他气喘吁吁地说："我快累死了，跑了三家书店，都没有卖这套书的，等我过几天再去看看吧！"听到张辉这句话，看着他满头大汗，老板无奈地欲言又止，最后终于作罢。老板回到办公室，心里面一直觉得，张辉整个上午的时间都浪费掉了，但公司还得照付薪水给他。虽然张辉有了苦劳，却没有功劳，因为他没有为公司提供一个好结果，没有完成老板交付的任务。

文中的职员张辉在出业绩这方面的素质上很欠缺，如果他是一个重视功劳而忽略苦劳的人，他会首先上网或者电话咨询书店的库存情况，再上网查一下这套书的出版情况，这样不仅节约时间，也不用因为老板交代的工作没有完成而自责了。在职场中，功劳是有效的业绩，苦劳是无效的消耗。在公司里面，苦劳在任何时候都不能充当功劳，在工作中不去强调自己业绩的员工，往往最后都会成为失败者。

一个炎热的夏天，一位老人去公园散步，发现公园有一前一后两个人，一个人挖了一个小坑，后面的人便马上用铁锹填上了。就这样持续了好久。老人看了大惑不解，于是就上前问道："你们是在锻炼身体吗？

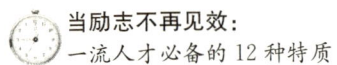

为什么一个挖坑,另外一个填上呢?"

挖坑的人边劳动边说:"我们公司老板派我们三个人来植树,我挖坑,他填土,另外还有一个人放树苗。但是放树苗那个人请假了,所以就剩下我们两个人来干活,累死了。"

这两个劳动的人可以说很有苦劳,但是他们两个不管工作多久,都没有创造价值,也没有完成老板交代的任务,做的完全是无用功。

有的员工往往认为,老板按时间付给自己薪水,自己只要在工作时间忙着,不管是忙什么,老板都要照样付给自己工资。但是聪明的员工明白,只有自己为公司创造了价值,自己才有价值。一个不能赚钱,甚至让老板赔钱的员工,又怎么会在公司待得长久呢?

因此,苦劳永远不如功劳,事倍功半永远不如事半功倍,只有从老板的角度出发,肯于为公司着想、为公司创造价值的人,才是职场上的成功者,拥有这种品质的员工,也是在职场最受欢迎的人。

2. 找准打开困境的"钥匙",是能够走出来的关键

> 著名管理学家大前研一说:"企业经营没有唯一的最佳答案,经营上的答案几乎都是建立在决策者主观判断的基础之上。无论多么复杂的问题都有答案,只是答案并非一个。重要的不是寻求唯一的最佳答案,而是养成一种处理问题的习惯。"

作为企业中优秀的员工,必须具备解决问题的能力。只有具备解决问题的能力,才能在企业中创造业绩,这是职场中必备的一种重要品质。在工作中,能够界定问题并不是目的,能够解决问题才是目的。在

多数情况下，解决问题是取得业绩的直接方法。能够找到问题的员工但不能解决问题的方法，依旧不能称之为优秀的员工。同样的学历、同样的资历，为什么有些人在职场中能够业绩突出，受到老板的器重？因为这些人具备企业中重要的品质，那就是解决问题的能力。

如何在工作中培养解决问题的能力？首先要盯紧目标，而不是问题。因为只有盯紧这个目标，你才能解决这个问题。盯紧目标就是盯紧业绩，没有业绩，一切努力和汗水都没有任何的意义。其次要相信，所有的问题都有答案。在企业中，没有解决不了的问题，只有不去努力解决问题的员工。即便是在工作中有些问题很难解决，似乎没有解决的方法，实际上这种感觉是暂时的，只不过你暂时很不容易找到解决的方法。最后就是付诸实践。实行的方法就是最好的方法，没有实施的解决方案与一句空话没有任何区别。心动不如行动，有的时候我们不必费心去想一个完美的解决方案，而是积极的行动。

宋晓莹是一家房地产公司的销售员，每个月每位员工都有基本的任务。如果能够超额完成，那么就能够拿到工资和提成以外的奖金，所以大家都忙碌着。到月末的时候，眼看着就要交任务单了，但是这个时候每个人都没有客户呢。

宋晓莹这里来了一对夫妇，丈夫喜欢住家庭式简易楼房，但是妻子却喜欢住豪华酒店那样的楼房。这种分歧主要来源于妻子认为装修要比地段更重要，但是丈夫却认为交通便利才是重要的。面对这样的情况，最好的结局是有一方能够妥协，最坏的是双方互不相让，买卖也就不能成交了。

宋晓莹担心买卖不成，但是她首先确定了自己的目标，那就是一定要拿下他们，让他们既满意地买到楼房，也让自己完成任务。确立了目标之后，就是寻找解决的方法。夫妻二人都是脾气倔强的人，并且丝毫没有退让一步的迹象。宋晓莹让夫妻二人坐下来，然后开始帮他们分析各种想法的利弊。然后根据公司房产的布局，给他们推荐一款交通便利、装修精良的楼房，虽然没有豪华酒店那样奢华，但是也不失气派。

妻子觉得宋晓莹的推荐很不错，打算买宋晓莹推荐的这款，丈夫却还不是很满意。宋晓莹询问以后，才了解到原来丈夫仍觉得太过奢华。楼房装修得过于繁复。宋晓莹对他说："其实这个装修可以满足妻子，而且交通便利。实际上也不是很繁复。"接下来，宋晓莹按照现代人的设计，将每一处的设计用途和丈夫讲了一遍。那个丈夫点了点头，最终决定买下这栋楼房，并感谢宋晓莹。宋晓莹也因为业绩突出，被经理提升为销售组长。

其实，在企业中能够找到解决问题的方法，首先你需要给自己下一个解决问题的目标。业绩是第一位的，解决了问题，才能有成业。那么如何能够解决问题，方法很重要。文中的夫妻二人出现了不同的想法，首先想到的就是补救法。如何既满足丈夫，又满足妻子。如果你不在脑海中形成一个"头脑风暴"，也不会在众多的竞争者中脱颖而出。解决问题的方法不是需要发明，而是需要发现。只有适合的方案，才是有效的方案。

任何问题，只要用心，就一定能够找到解决的方法，只要努力，就一定会解决。关键要有用心的品质。对这问题冷眼旁观，甚至抱着"事不关己，高高挂起"的态度，哪怕搞得焦头烂额，却只是做无用功，都是不用心的后果，这种人，既然解决不了问题，又怎么可能在公司待下去呢？

3. 聪明地工作，提高工作质量

> 惠普中国首席执行官高建华说："惠普这样的跨国公司不提倡员工们整天努力拼命地工作，而是倡导员工们聪明地工作，希望员工们能在工作中开动脑筋，想出更好的办法去解决问题、完成工作，从而去提高工作质量和效率。"

对于企业来说，时间就是金钱，绩效就是生命。获得绩效是所有员工在企业中获得提升的基本要素，要获得高的绩效，就要以"巧干而不是蛮干，聪明干而不是拼命干"作为自己的工作指导原则。能够在每一次的工作中都拿到高绩效的员工是优秀的员工。在工作的过程中，工作的绩效远比废寝忘食更加重要。当一个员工在接受到一项任务的时候，首先想到的应该是如何将这份工作做好，完成任务，而不是如何让自己拼命和盲目地努力。

努力并不一定会成功，努力最多是在自己失败的时候，不让自己后悔。其实在工作中，埋头苦干、积极地投入固然是好的，但是如果不懂得拿捏尺度，盲目地透支精力其实是非常没有必要的。成功者往往在行动之前深思熟虑，然后再去工作。

卢晓琪和王逸是一家广告策划公司的广告编辑，两人同时进公司。卢晓琪每天都很努力，经常很晚才下班。不久后，王逸就获得了总经理的青睐，一再被提升，从主管到策划执行主编，这让向来很努力的卢晓琪看到了很不服气。

于是，卢晓琪找到总经理，提交了自己的辞呈，并且痛斥了总经理的不公平。卢晓琪说："公司对于我们这种辛辛苦苦劳动的员工，非但不提拔，连正眼都没有看过一下；相反地，对于那些只会溜须拍马的家伙，却一再提拔。"总经理并没有生气地和卢晓琪理论，因为经过这么长时间的工作了解，总经理已经知道卢晓琪的脾气了。

总经理和卢晓琪说："如果你想知道为什么王逸比你升得快，我说是没有用的，不如你们现在做同样的工作，咱们看看结果如何？"听到总经理的建议，卢晓琪欣然接受。总经理拿出了一份对门广告公司的创意广告，然后交给卢晓琪说："做一份和这个一样的广告背景，材质和大小相同的，同时广告语要换成其他类似产品的广告。"领到任务以后，卢晓琪就开始照着这张广告纸上的图案开始设计，电脑取景、上色、找文案编辑要广告创意语，然后测量尺寸、裁剪等。当一切都忙活完的时候，公司里面早就没有人了，已经下班很久了。

第二天，总经理来了，卢晓琪就交上了自己的作品。总经理说："用时太长，而且比例和大小有误差，颜色不对。"卢晓琪显然很不服气，总经理叫来了王逸，分配了相同的工作。只见王逸首先上网查了一下对方公司的主要进货来源，打电话询问了一会儿，然后找到文案编辑要广告创意语，回来以后按照框架裁剪。没到一个小时，就有人来送货，然后又经过半小时的整理，作品是一模一样的。卢晓琪看到后，便无话可说了。

如果忙碌不能换取绩效，忙碌就没有任何意义。如果别的职员用半小时就能够完成的工作，我们非要用三个小时，那么无论你在这三小时之内有多么的劳累，你都很难在老板那里得到加分。在工作中首先要问问自己，"自己是在拼命地工作还是在聪明地工作？"其实，在工作中仅仅拼命地工作是没有任何用处的，有的时候，拼命地工作不一定能如预期那样，给自己带来快乐和想象中的成就。有的时候还会因为自己的汗水白白地流淌而愤愤不平、心情压抑。

也许很多人都了解"拼命干不如巧干",其实,在公司里不仅仅要聪明地工作,卖力地工作也不能被忽视。很多人觉得工作量与成功之间存在着一种直接的联系,一个人所投入的人力、物力和精力越多,他获得的成功就越多。其实,只有用聪明地工作代替拼命地工作,这样才能更好地享受生活,同时获得职场中更佳的业绩。

4. 做企业中不可替代的员工

> NBA总裁大卫·斯特恩说:"从本质上讲,乔丹打比赛,也是在为NBA联盟、为公牛队打工,这一点我们和他没有什么两样。但是有很多人因为乔丹而认识篮球、认识NBA的,这才是乔丹对于这项运动最大的贡献,也证明乔丹是一个不可替代的人,为别人创造了不可替代的价值。"

很多人都说,没有任何一个人是不可替代的。那么,为什么你不能做企业中难以替代的那个人呢?如果你是企业中那个业绩最高的,平时效率也最高的,企业即便是裁员也和你没有任何的关系,这个时候你不就是那个"不可替代的员工"了。在企业中,你要记得重要的是你有多么难以替代,而不是有多么的勤奋。现在很多人都很勤奋,能不能出业绩,才是评判一个员工是否优秀的标准。

如何让自己成为不可替代的员工,首先你需要具备危机意识。很多人以为自己有各类文凭和证书就可以高枕无忧了,有这样意识的员工感受不到危机,自然不会想着去提升自己的业绩。在企业中没有业绩说话,任何时候都是被淘汰者。只有时刻具有危机意识才能获得职业生涯

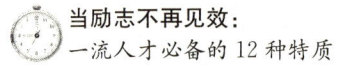

的可持续发展。

"二战"以后，受经济危机的影响，日本工人大量失业。其中一家食品公司的效益大幅度下降，濒临倒闭。为了能够渡过难关，这家食品公司的老板决定裁员三分之一。当时，在公司里面，有三种人进入了裁员的名单，即清洁工、司机和仓库保管员，这三种人加起来有30多名。于是经理找这些人谈话，说明了裁员的意图。

当清洁工听说自己要被裁掉的时候，他淡定地说："其实食品公司非常需要清洁工，我们的存在很有必要，老板你可以想想，如果没有人打扫卫生，没有清洁、健康的工作环境，全公司的员工怎么能够全身心地投入到工作之中呢？"听到清洁工的话，老板觉得很有道理，于是他决定还是先裁掉司机。

当司机听到老板说自己要被裁掉的时候，他们也淡定地对老板说："老板，司机对于咱们食品公司不能缺少，我们是必不可少的。您可以想想，如果公司没有我们，咱们公司的产品怎么能迅速地销往各地的市场呢？"老板再一次陷入了为难的境地，他觉得司机说的也很有道理，自己应该先去找仓库保管员，他们应该被裁掉。

当仓库保管员听说自己要被裁掉的时候，他们叹息地说："老板，战争才刚刚结束，现在的社会秩序还很乱，假如没有我们仓库保管员，咱们公司里面的食品岂不要被饥饿的流浪汉偷光了吗？我们很重要，如果您要裁掉我们，我们也无话可说了。"

老板回到办公室后，仔细想了想，他认为他们的话很有道理，通过再三考虑，公司最后决定不裁员，而是重新制定了管理策略，在其他方面降低成本。老板还让人在公司门口悬挂一块大匾，上面写着"我很重要"。从此后，员工们来上班，首先看到的便是"我很重要"。这句话调动了全体员工的积极性。一年后，公司迅速崛起，成为日本最著名的公司之一。

在职场中，不仅仅要有能力，还要有不服输的、进取的精神。你要重视自己的业绩，重视自己的工作。如果你是公司中那个"很重要"的员工，那么，任何时候，你就不是那个被裁掉的那一个。

5. 业绩与薪酬成正比

> 杰克·韦尔奇说："要想获得晋升，就要交出动人的、远远超出预期的业绩。"曾任联想控股有限公司总裁柳传志也说："我不会用语言去回应质疑，我只用具体的业绩赢取信任。"

很多人在选择工作的时候，更加看重自己的薪水，而不是未来。很多人经常抱怨薪水少，觉得上班工作对于自己了然无趣。实际上应该我们每个人都需要生活，都需要靠工资来养活自己，但是我们也应该知道，工资并不是人人都一样的。多数的企业现在实行的是按劳分配，你做得越多越好，你所得到的报酬自然也越丰厚。在公司大家拼的就是业绩，如果你有业绩在那儿，薪酬的攀升是任何人都改变不了的。

想要提升自己的业绩，这是一个需要长期努力的过程。首先你需要做好工作的前期准备，比如，如何提高产品质量，如何提高服务质量。业绩就像是一个员工在工作的时候定下的一个目标，有了目标工作的时候才不会盲目。员工都具备"拼业绩"的品质，很多人总是抱怨自己不被公司重用，或者自己的薪水太低。但是无论是薪水还是升职，和业绩都有直接的联系。如果你的业绩摆在那儿了，任何老板都不会无视你的功劳。

小刘是一家酒业公司的销售员,已经在公司里面工作半年多了,但是仍然每个月拿着那么一丁点工资。小刘开始抱怨,自己每天起早贪黑地拉着白酒,在各个酒店和商店推销。每天都累得半死,但是老板给自己的那点薪水就仅有10瓶白酒的价钱。想到这里,小刘就更加消极地工作,每天在运输和销售的过程中,有时在大街上闲逛一会儿,有时也会将一车酒停在自家门口,和朋友们搓搓麻将。然后晚上拉着车回公司,告诉老板今天的白酒卖得不是很好。

老板起初没有说什么,也没有批评小刘。等到开员工大会发奖金的时候,公司里面的同事张力获得奖金2000元,销售第一名,其他的同事也都分别拿到了500元左右的奖金,只有小刘一点奖金都没有,还是那些固定的薪水。小刘觉得很不公平,于是就找到老板说:"你凭什么给他们发那么多奖金啊?我怎么一分钱都没有,再这样下去,我就辞职不给你干了。"老板听到小刘的话,并没有以硬碰硬,而是和小刘说:"一流的员工和业绩叫板,二流的员工和工资叫板,三流的员工和自己的老板叫板。"

听到了老板的话,小刘轻蔑地说道:"你的意思是说我是三流员工啦?那么你是几流的老板啊?"老板仍然没有生气,而是问小刘:"你这个月卖了多少瓶酒?联系到了几家大客户?"小刘满不在乎地说:"562瓶酒,4家大客户。"老板说:"张力卖了3000瓶酒,联系到了17家大客户,另外联系到了3家中型客户。这就是他的业绩,如果你和张力换位,我仍然给你们一样的工资,你觉得公平吗?"听到这句话,小刘终于闭上了嘴巴。

有很多人曾把职场看作战场,在战场上看战功,那么,在职场上看的就是业绩。戴尔·卡耐基曾经说过:"一个无法给别人带来财富的人,自己也无法获得财富,所以持续为他人创造价值是你的天职。"任何业绩的质变都来源于量变的积累，业绩的遥遥领先总是能够堵住那些无聊之人的嘴巴。不要总是抱怨老板给你的薪酬太少，看看你的业绩，能不能让你的薪酬抬头说话。

业绩不是凭空得来的，而是自己挣出来的；升职与奖励不是从天而降的，而是你"种瓜得瓜"，一步步"拼"出来的。在企业中的员工，必须要有优秀的业绩。不管什么时候，只有比别人更勤奋、更勇敢、更聪明，你才会比别人更超前，才会取得别人永远无法企及的业绩。拼业绩的过程是一个辛苦劳累的过程。正所谓"一分耕耘，一分收获。"要想在企业中获得好的业绩，就要全力拼搏，工作自然不会是轻松的。

6. 工作不能"蜻蜓点水"，"深耕"才会出业绩

> 工作就好比烧开水，99℃就是99℃，如果不再持续加温，是永远不能成为滚烫的开水的，所以，我们要以严谨、负责的态度对待工作，精益求精，烧好每个平凡的1℃，以达到沸腾的效果。

成绩是一步步努力得来的，而不是以"差不多"换来的。工作中不能"蜻蜓点水"，就是说在工作中，要有踏实的能力和力求做到完美的工作态度。在企业中，很多人在工作的时候，总是用"差不多""已经不错了"这样的词作为自己的辩护词，因为这样的思想导致他们根本就没有拼业绩的精神。所有的"差不多"都犹如蜻蜓点水一般，工作没有落到实处，最后因为一点点小问题，导致满盘皆输。虽然这个世界上没有完美的人，也没有完美无缺的工作，但是我们仍然有权利追求完美。

当一个员工热爱自己的工作，对自己的工作精益求精、努力竞争，

达到百分之百的时候，那么，最好的业绩就会在前方等着他。有的时候虽然人真的很难做到尽善尽美，但是我们可以努力地向完美靠近。有不少人在工作中不能够将事情做到位、不精细，这不仅仅是一种不热爱工作的表现，更说明了这位员工不具备业绩这种优秀的职场品质。很多人在工作中总是蜻蜓点水，觉得"差不多"就可以了，实际上并不是"差不多"，而是"差很多"。要知道，在工作中，即便是1%的差错也有可能带来100%的问题，致使公司蒙受不可挽回的损失。

龚涛是一家木材公司的老板，公司主要的经营项目就是成批地进口木材，然后在国内市场批发销售或零售。有一次，龚涛因为上了一个经销商的当，承接了一大批以次充好的木材，使得公司的流动资金呈现瘫痪状态。这个时候，这批木材的销售情况直接关系到公司的生存和发展。其实，就在这笔生意谈判的时候，这批木材的质量问题被公司的职员黄忠刚发现了。

黄忠刚是木材加工专业毕业的，专业知识丰富。但是由于他平时工作不是很积极，对于自己的本职工作也是马马虎虎，所以对和自己岗位没关系的事情不闻不问。当黄忠刚看到这批木材的时候，他很快就发现了其中的问题。由于劣质木材中与好木材放在了一起，当他看到好木材占多数的时候，觉得对于坏的木材就可以忽略了。他觉得："有点毛病不算什么事，还是可以用的，差不多就行啦！"就这样，他选择了沉默。

这笔生意最后还是成交了，当木材公司将这批木材在国内销售的时候，才发现木材有严重的质量问题，结果几乎卖不出去。这次的损失让木材公司几乎倒闭。事情发生后，黄忠刚不仅没有及时地总结自己的问题，还在背后议论这件事："其实，我早就发现这批木材有问题，可是里面还是有一些没问题的，我也没仔细数哪个多哪个少，反正有能用的，差不多就行了"。

黄忠刚的话传到了龚涛的耳朵里，龚涛非常生气，虽然这次的损失不是由黄忠刚一个人造成的，但是他完全有能力阻止这件事情的发生，身为公司的一员，避免公司受到损失应该一件义不容辞的事情。这样一个做事不认真、对公司的事情漠不关心的人，即使他在专业上很有能力，但是他的能力不能够为公司做出贡献，这些能力还有什么意义呢？因此，龚涛果断地解雇了黄忠刚。

　　看看你周围的人，再想一想自己过去在公司做事的点点滴滴，你就或多或少地能够从黄忠刚的身上找到自己的影子了。对工作马马虎虎，得过且过，对一些深入的问题懒得思考，对隐患不去避免，总觉得问题"差不多"解决了就行，就算能够做得更好，他们也不会去做。工作如果只是"蜻蜓点水"，而不是去"深耕"，如何能够避免发生那些问题，又如何能够取得利益呢？想要获得业绩，必须得下苦功夫，一点一滴的失误都不能有。

　　所谓的100％合格，就是把工作做到最好，做到极致，杜绝一丝一毫的疏忽，没有任何理由和借口。工作上每个人的岗位不同，职责也有所差别，但不同的岗位对每个人都有一个最起码的做事要求，那就是摈弃"够好了"的工作态度，精益求精地做好自己的工作，在自己的能力范围内做到最好。在工作中，没有打算"深耕"的精神，你永远都不可能获得令人满意的佳绩。

7. 业绩是你最好的"证明书"

> 无论你多么的才华横溢，如果拿不出业绩，一切都是零，没有成果的执行等于没有执行。世上并没有用来鼓励工作努力的赏赐，所有的赏赐都只是被用来奖励工作成果的。

作为一名优秀的员工，你必须知道业绩在工作中的结果和导向作用有多么的重要，现代企业中，真正有执行力的员工，懂得一切用业绩说话。没有业绩，无论你多么的才华横溢都不能令人信服。很多企业的管理者都将业绩作为评价员工的标准，企业中只有业绩才能够体现你的价值，除此之外，没有其他的考核标准。在企业中，有经验与有资历并不是能力强的保证，更不是创下业绩的证明。无论是加薪还是提升，都需要拿出业绩来。只有业绩才是最具说服力的证明。

在很多工作领域中，大家都有一个普遍认同的观点：不要听一个人说了什么，而要看一个人做了什么。职场中，业绩是优胜劣汰的标准，是证明能力的尺度。一个人的工作履历表，每一处的填写都不能为你提升人物价值，唯独业绩这一栏。倘若业绩这一栏是空白的，那么，你前面写的再怎么精彩，也不会受到老板的重视。业绩赋予了人生太多的意义，企业都是以业绩为导向的。一个员工是否优秀，关键要看他所创造的业绩；一个企业要赢得核心竞争力，要的也是业绩，而业绩要通过员工的努力来获得。

黄晓菲是一家餐饮业的服务员，平时大家在就餐高峰期的时候，总是忙得晕头转向，但是黄晓菲却乐得清闲。她负责的桌位总是能够看到客人在安心吃饭，从来都没有大吵大嚷的现象。黄晓菲其他的同事每天从早到晚忙不停，却经常接到客人的投诉。而黄晓菲却经常接到客人的好评，每一次月底开大会的时候，黄晓菲总是餐厅所有服务员中好评率最高的员工。

黄晓菲不但拿着高薪，还享受每个月赠送的礼券和两天的假期，真是让很多人都羡慕不已。有几次，在工作十分繁忙的时候，有的服务员看到黄晓菲站在顾客的桌子前和客人"侃大山"，她们气不过黄晓菲如此清闲的架势，打算到老板那里告状。

"老板，黄晓菲就是靠着和客人套近乎、聊天的手段才获得好评的，她卖出去多少盘菜、多少瓶酒？"不服气的员工对老板说。

"黄晓菲的啤酒和白酒销量都是你们的3倍，点的菜也是最多的。她的业绩在这摆着，所有的点餐单子都在这儿，你们可以翻翻看。"老板拿出黄晓菲的点餐单往桌子上一放。

几位员工你看我，我看你，都说不出话来了。老板接着说："不要总是平时叽叽喳喳的，关键时刻，如果你们能够像黄晓菲一样，拿出点业绩证明你们也很优秀，涨薪水、免费假期我也给你们啊。"

在企业中，能够在相同的环境、相同的条件下，创造更多的业绩，才能得到老板的赏识和器重。在职场上，你的业绩就是你的良弓，能够猎到最多的猎物才是关键。你只有不断努力提高自己的价值，提升自己的业绩，才能做到名副其实，而那些只有花架子无真本领的人，是无法赢得他人的尊重与赏识。任何看起来华丽但无实际用处的外在因素，都不能决定我们的内涵与价值，要证明自己的能力，只有靠真本领取得过人的业绩。

无论你在公司的地位、长相、学历如何，如果想要在公司里发展，实现自己的目标，就需要有业绩来保证自己的梦想得以实现。只有你能创造业绩，才能得到老板的器重，得到晋升的机会，因为你创造的业绩是公司发展的决定性条件。

8. 业绩的量变到质变，"金子"的光芒遮不住

> 量变引起质变，一个真正肯于埋头苦干的人，日夜积累的业绩最终一定会让他一鸣惊人。为一点业绩就沾沾自喜，或者邀功求宠的人，最终会在真正业绩出众的人面前无地自容。

很多人在工作中做出一些业绩，就感觉自己应该受到表扬和奖励。如果自己做出了业绩而别人没有给予相应的肯定，内心就会感觉到失衡。其实，在职场上，并不是一个人做出业绩之后立马就会得到相应的注意或提升的。业绩往往需要"量变"的积累，才能达到"质变"的飞跃。在平时的工作中，我们不能因为有些成绩就沾沾自喜，也不能因为没有他人的肯定就心生不满。有句老话说："是金子总会发光的，努力总会得到回报。"

现实中，管理人员在发现某一个员工的表现出众以后，并不会声张或立马给予表扬。因为管理者担心这样会让员工滋生骄傲情绪。这时，管理者表面上往往不动声色，但是在心中已经多加留意。因此在一开始，我们的努力可能并没有引起管理者的注意，但是一个人的业绩是有目共睹的，只要有业绩，一个人就总会有耀眼的一天。区别只在于我们是等到了那一天，还是在业绩被人重视之前就已经选择离去。

业绩是需要慢慢积累的。只有积累的业绩已经让人无法忽视的时候，成功才会随之而至。业绩的积累比业绩的创造更重要，那些在没人

肯定的情况下仍旧表现优异的人，终将会成功。

陈文峰是一家广告公司的小职员，他为人诚恳，工作十分努力。但是人们对于他的印象也只限于此，因为他并没有什么特别突出的才能，或者可以让人侧目的地方。但是，每一次他负责出差宣传广告的时候，无论是住旅店还是到餐厅吃饭，他总会认真地在能够签名的地方写上"汇通广告，绝美的私人订制"的字样。在来往的各种广告收据和创意设计稿，只要是他签名，他一定会写上那句话。久而久之，人们就不在叫他陈文峰先生了，而是称他为"'汇通广告，绝美的私人订制'先生"。

他的宣传为公司起了多大作用没人知道，也没有人对他这一行为提出赞扬，但是陈文峰就这样一直坚持了下去。这件事传到了公司上层那里，连董事长王汇通也听说了"'汇通广告，绝美的私人订制'先生"的趣事，他非常惊奇地说："本公司竟有这种职员，无时无刻不在宣传公司的产品，我一定要见见他。"于是，董事长王汇通热情地邀请了陈文峰共进晚餐。后来，董事长卸任，陈文峰就即任了董事长。

陈文峰可以说是一个对工作尽职尽责的人，和那些让公司赚大钱的人比，他的业绩并不突出，宣传的效果也并不是很显著，可是谁会知道他的宣传对公司起了多大的作用呢？然而，这件事最终却为人所瞩目，并最终让陈文峰得到了应有的回报。

工作之中往往存在着这样的规律：一名员工付出了努力，做出了业绩，却没有人关注，得不到肯定。这个时候员工往往就会觉得自己的付出不值得，心生退意。但是如果这个时候有人能坚持下来，让自己的业绩一点点累积，在他最终为人所瞩目，被管理者所注意的时候，他所有的努力都会得到回报。

因此，能够积累业绩是一种比能力更加重要的优秀品质，是一个人得到注意、得到肯定的法宝。请记住,工作中不缺少做出业绩的人,缺少的是能够把业绩积累起来的人。能做到这一点,就已经离成功不远。

9. 唯有表现出色,才能获得认可

> 松下幸之助说:"不管有无制度,经营上总是要经常对人进行考核;如果缺少对业绩、能力的制度性考核,我们只能依赖一线监督者的意见做出人事安排,稍有疏忽,稍有不注意就会出现不公平,导致不满和效率低下。"

业绩是一个企业的生命,每一个企业都把注重业绩当作自己企业文化的重要组成部分,把业绩当作衡量员工素质的重要标准之一。具备拼业绩的精神,才能让一个人在企业中处于屹立不倒的地位。当员工进入一家企业时就应该明白,业绩是个人实力的证明。无论你是否来自名校,也无论你在过去有如何出色的工作经历,一旦进入新公司,你就必须重新开始,现在及今后的表现比过去的经历更重要。

要看一个员工是否优秀,首先就要看员工为公司所做的贡献,而贡献最直接的体现就是工作业绩。一个员工在企业中工资的涨幅,主要有一个关键的依据和参考指标,那就是一个人的业绩承诺计划。当一个员工在计划书上签署了自己的名字时,就相当于立下了"军令状",这样可以让自己前进努力的目标更加明确。业绩高的员工会在年终获得奖励,而业绩低的员工,则没有任何的奖励,也不会在工作的岗位上有任何的提升。

到了年终,上司就会在员工的军令状上打分。如果员工得分低,就意味着他的工作绩效不好，也就不利于日后的薪资提升，相反，则可以获得奖励。在现在这个充满了竞争的时代，实力是最为重要的，而实力具体的体现主要在业绩的创造上。如果一个员工没有能力改善公司业绩，是没有资格要求企业给予回报的，也不可能得到老板的重用。

由于国际经济形势动荡，小萍所在的公关部需要裁掉数名员工，导致内部斗争激烈，有些同事挖空心思抢夺别人的客户，以其表现自己。小萍不喜欢这样的氛围，她始终默默无闻地做好自己分内的事情。由于她一直没有好好地在老总面前表现自己，因此在其他同事费尽心机的表现下，小萍就显得黯然失色，最终老板决定裁掉小萍。

接到人事部提前一个月下达的辞退通知，小萍心中颇为震惊，因为她感觉自己工作尽职尽责，只是不习惯为了表现自己不择手段而已。然而尽管不甘心，但是唯有无奈，面对一个月后即将离开的现实，她选择了继续认真工作，在最后离开前，给公司和同事们留下一个好印象。

有一天，一个大客户表示希望来公司参观后再签约。这单生意非常大，而且是长期的供货合同，因此，公司非常重视，吩咐各部门做好准备。

没想到的是，当天来公司参观的客户代表竟然是德国人，因为公司没有提前接到这方面的通知，所以配备的翻译是英语翻译，一时之间措手不及。双方见面后由于语言不通，使得场面非常尴尬。正在这时，随着老总一起会见客户的小萍操起不太熟练，但是仍旧能够沟通的德语同客人攀谈起来。原来，德语是小萍一直的爱好，但是平时没什么人知道。

随后，小萍陪同客人参观公司，彼此相谈甚欢。凭借自己丰富的谈判技巧和对业务的深入了解，以及自己真诚的态度，小萍博得了德国客人的好感，客人表示很希望和小萍成为合作伙伴，小萍最终顺利地签下了大单。

小萍的表现，让老总顿时刮目相看，对她大加赞赏。一个月后，小萍的辞退通知不仅被撤销了，她还被升任为公关部副经理。

每一个在企业中的员工都应该想方设法地提高自己的工作效率，尽可能地提高自己的业绩，为公司创造效益，这样才能让自己更有竞争力。当然，员工在这里面必须明白，业绩高不是生搬硬套地创造，还在于能够为公司节约成本。如果一个员工能够降低成本、高质量地完成过去好几个人才能完成的工作任务，又怎么能不受到老板的重用呢？高的业绩是好员工最为显著的标志，没有绩效的员工，即便是再聪明也会被淘汰出局。所以，在工作的过程中，员工要树立自己的业绩观。

如果没有实实在在的业绩提升本公司的利润，无法帮助企业获得发展，老板不仅不会重用你，也不会给你工作的机会；如果你有良好的业绩表现，你就能得到老板的重用。没有业绩，公司无法生存，员工无法生存，记住，业绩才是你的竞争力，员工要时刻保持自己的竞争力。唯有表现出色，才能获得认可，唯有长久的出色，才能得到长期的认可。

第三章

节约：浪费别人的成本，
　　输的是自己的能力

　　节约是企业员工必须具备的一项优秀品质。节约可以理解为不占公司的便宜、不浪费工作中的宝贵时间、不耗费公共资源等。在工作中，所有省下来的时间和金钱都是可以赚到利润的，你最大的成功就是节约了一点小成本，换来了最大的收益。

1. 节约时间就是赚取成本，浪费时间就是浪费生命

> 莎士比亚说："时间是无声的脚步，是不会因为我们有许多事情要处理而稍停片刻的。"

节约是每个职场中的员工都应该具备的优秀品质，很多在职场中的员工都知道时间的宝贵，但是还是会因为自己的懒惰和拖延而浪费时间。很多人都听说过："时间就是生命，时间就是金钱。"但是在他们的眼中，这无非就是一句无奈的口号，对于一些没有节约品质的人来说，不起任何的作用。也许很多人并没有真正理解时间的宝贵和节约时间能够产生多大的商业价值。可以这样说，再多的金钱花光了，我们都可以赚回来，而时间流逝了，就再也不会回来了。钱不够可以借，时间不够无论如何借不了。在时间的面前，金钱已经没有那么大的价值了。

任何东西的浪费都没有时间的浪费而更让人心痛，在这个世界上，没有什么比时间更加宝贵，时间就是生命的本身，时间也是独一无二的，对于每个人来说，生命只有一次，而时间构成了生命，所以，时间是独一无二的，过往不复。懂得利用时间并珍惜时间的人，才能实现自己的价值。

比尔·盖茨是一个非常注重节约时间的人。据了解他的人说，他经常在办公室中埋头工作上三四天都不睡觉，即使在平时，也往往加班到很晚。微软公司的员工经常在凌晨一两点钟收到比尔·盖茨的邮件，因为这段时间是盖茨平时的"空余"时间，他可以用来做发邮件之类的小事。

有的人对比尔·盖茨的资本进行了计算后说:"如果比尔·盖茨掉了一张1000美元的支票,他弯腰捡钱需要四秒钟,他都不应该去捡钱。因为他在这四秒钟内可以赚到的钱远远不止1000美金。"但是,比尔·盖茨认为节约时间还不够,通常除了生意上有特别关系的人,他与人谈话一般不会超过5分钟。

比尔·盖茨经常在很大的办公室里,与许多的员工一起工作,以便可以随时指挥他的员工,按照他的计划去行事。当你走进那间办公室,你很容易见到他,但是如果你没有重要的事情,他是绝对不会欢迎你的。当你对他说话时,一切拐弯抹角的方式都会失败,他会以最快的速度判断出你要说什么,你的真正意图。

这些判断力都为比尔·盖茨赢得了宝贵的时间。如果有些人本来就没有什么重要的事情需要接洽,只是想找人聊聊天,因为这个原因而耗费了其工作繁忙的宝贵时间,比尔·盖茨会对这种人恨之入骨。

人生短暂,要珍惜时间。商人最可贵的本领之一就是与任何人交往,都注重效率。如果说与人洽谈生意,目的就在于能以最少的时间产生最大的效益的话。时间观念强的人通常都会管理好自己的时间,"一寸光阴一寸金,寸金难买寸光阴。"在生活中没有所谓的"失去的日子",也没有更多的时间来供你挥霍,浪费时间的人不但是可耻的,同时也是可悲的。当别人用有限的时间完成了不可能完成的工作,此时,你却利用大把的时间来挥霍,那么,时间将会给你惩罚,你永远都平庸无奇。

我们每天的生活和工作时间中都有很多零碎的时间,就好像有的人约了你吃饭,但是因为种种原因而迟到,你只能无奈地在那里等待,坐地铁排长队,你一步步地向前挪,这大把的时间就这样被无情地消耗掉了。其实,在这个时候,我们完全可以用这些闲散的时间来做一些别的事情。比如,看看书、读读报,还可以想一些自己平时的工作,不要让自己的时间这样白白浪费掉。岁月不待人,时间不等人。你的时间都是在自己不经意的时候,慢慢浪费掉的。只有节约工作和生活中的每一分钟,你才可能赢得自己的璀璨人生。

2. 只有成本"小了",企业才能"壮大"

> 詹姆士·伯克曾经说过:"没有公司的赢,就没有员工自我价值的实现;没有公司的赢,也就没有员工的发展。但是,如果没有双赢,也就没有企业的长盛不衰。员工的成长是企业发展的动力,公司发展是员工成长的根基,只有共同成长才能够实现双赢。"

公司的经营就是为了赢得利润,每一个员工的薪酬和奖金也都是依赖利润,一旦公司的盈利减少,那么,员工的薪酬和奖金也就会相应地减少。利润实际上不仅仅是管理者的事情,更依赖每一位员工在工作中随时保持利润意识、成本意识、增效节能、开源节流。如果一家企业的员工没有主动意识,那么,即便是经营管理层有再好的方略和思路,也不会有什么成效。利润的意识是需要每一个员工都想到的,当一个员工无端地浪费,那么公司的资源必然会被流失、被掏空,从而造成巨大的经济损失,影响公司的发展,最终也会影响到员工的利益和发展。

其实,浪费不仅对公司是一种致命的影响,对于个人来说,也是一种致命的坏习惯。员工依赖公司的盈利得到薪酬和奖金,如果公司因为浪费而无法盈利,那么,就得不到利润,自然员工也从中得不到任何的好处。在经济学上说,企业的首要目标就是利润,在工作中,能够省下的都是利润。利润的公式很简单,即利润=收入-成本。这个公式虽然看上去很简单,但是却包含着管理工作高度的要求,并不是每个企业都能取得高利润。如果管理者在经营方略和管理的手段上失误,也是会对利润造成影响的。

小李是一家煤油厂的厂长,有一次,小李在生产车间看到一名员工没有按照规范摆放工具,他马上严肃地要求这名员工纠正。然后用很严厉的语言说:"你知不知道你这样不按照规范去摆放工具会影响工具的寿命?"那名员工说:"我知道,但是这样放工具会更加顺手一些。再说,其实这样也不会对工具有大的损害,也浪费不了几个钱。"听到这位员工的回答,小李立即在下班以后,留下了所有车间的人员,严肃讨论了这件事。

他说:"公司既然要求规范摆放工具,必然有公司的考虑,这样做也不是有意要增加大家的不便,这些工具并不值太多的钱,使用寿命也就一两个月,似乎也浪费不大。但是,如果每个员工都缺乏成本意识,全公司的浪费就会很大,那么,我们的今年的工作主题'效益年'就成为了一句空话,到最后就会影响到大家的奖金,我想你们也不希望看到这样的情况吧?"

听到小李的话,在场的每一位员工都受到了震惊。最后,失误的员工被扣发了当月的奖金,车间负责人也受到了严重的警告。

管理学大师彼得·德鲁克曾讲过:企业经营者只需做两件事情:第一是销售;第二是控制成本。只有成本小了,企业才能发展壮大起来。企业发展壮大了,分发到员工手中的利润才会越多。如果说"节约时间就是延长一个人的生命",那么"节约成本就是赢得一个企业的利润。"节约是美德,企业降低成本费用可以节约人力、物力、财力的消耗,可以用较少的人力和物力生产较多的成本，这样可以为企业提供更多的积累，加快企业的发展。

节约成本，更节约资源，能够防止由于材料的短缺而导致产品影响生产的情况。降低了成本，产品的价格就会降低，很多人都能够从中得到实惠。"省下的就是赚到的"，每一名员工都要拥有这种理念，这样才能使公司赚取更多的利润，同时员工也才能从中获益更多。

因此，那些有着节约好品质的员工，总是更容易受到青睐的。也许节约出的东西并不值钱，但是却能够一方面为公司开源节流做贡献，让老板觉得你是真心为公司着想，另一方面也能展现你自己的人格魅力。一分钱虽然少，但是如果你连一分钱都会替公司节省，老板又怎么会不看好你、信任你呢？

3. 企业需要注重节约的员工

> "世界船王"包玉刚说："在经营中，每节约一分钱，就会使利润增加一分，节约与利润是成正比的。"

在职场中，当你为公司着想的时候，实际就是为你自己着想；当你为公司创造了利润的时候，实际上就是为你自己创造了利润；当你为公司节约的时候，你其实就是在为自己谋福利。企业中的员工前途和企业的发展状况息息相关，一旦企业面临危机，那么，员工也意味着失去工作。

什么是工作？工作就是一个能够提供给你施展能力的舞台，在这个舞台上，我们能够随意地展现我们的才华，这个舞台也能够让我们尽情地展现自我。一个员工的工作质量往往决定他的生活质量，工作是我们需要用全力去做的事，公司与我们个人的利益休戚相关。

在平时工作之中，如果某一个人对待公司的财物大手大脚，花自己钱的时候则吝啬至极，一旦让老板知道，老板也自然会在心中为这个人打上一个大大的叉。节约是一种优良品德，感觉公司的财物可以随便浪费的人，想法是大错特错的，这样的人最终失去的将是自己发展的机会。

徐福荣和表弟张国海在一家公司做销售。公司里最近有一批货物需要分批做销售，徐福荣和张国海都是各销售组的组长。徐福荣在分配销售的时候，将货物全部都用运输成本较低的车，有的时候还需要员工自己动手搬运货物，但是每天可以省很多钱。张国海那组则选择用最快的运输工具，货物的搬运是也雇用了一批搬运工。他的货物运输很及时，卖的情况也不错。

月末结算的时候，徐福荣组的员工每个人的销售提成和工资加在一起，每个人分到了5400多元，而张国海组的员工每个人分到的销售提成和工资加在一起，一共是5120元。虽然张国海组的员工也和徐福荣组的员工卖的货物差不多，但是张国海组运货的成本要高于徐福荣组，所以分到的利润自然要比徐福荣组的少一些。

几个月后，公司又出品了一批新产品，徐福荣看到新产品的时候，和老板提议，新产品的外包装过于华丽，成本太大。但是张国海却觉得外包装很重要，而且也浪费不了几个钱。徐福荣说："外包装很重要，但是并不代表越大越好，完全可以将一个外包装变成四个外包装，然后将塑料袋子对折包封，不仅有特色，而且很节约。"老板简单地试用了一下徐福荣的建议，没想这样一来，一批货可以节省3万元左右。节约了成本，利润便高了。老板又将部分剩下利润分给了员工作为奖金，员工们的收益就更多了。

　　社会的环境就相当于一片波澜壮阔的海洋，而公司就像是一条船。无论是老板还是员工，一旦踏上这条船，他们的命运就紧密地联系在一起了，他们有着共同的方向、共同的目的地，船的命运就是所有人的命运。对于员工来说，公司就是他的船，一荣俱荣，一损俱损。日本著名企业家松下幸之助说："我的员工要像企业家那样思考，不能只像个被雇来干活的人。"一名优秀的员工只有把公司当成一条与自己命运息息相关的船，像企业家一样去思考、去工作，才能提升自己的思想，创造可观的利润，打造过人的业绩。

　　人们常说"爱企如家，爱岗敬业"，其实就是这个道理。关键是要干好自己的本职工作，要全身心地投入，即便是企业很小的事情，也要尽自己的能力干得漂漂亮亮；即便没人监督你，也要认真地坚守岗位，干好工作；即便别人冷嘲热讽，也要坚持自己的理想，不断学习，不断提高。毕竟，这是你的船，在这条船上，你是主人，而不只是一个乘客！

4. 树立成本意识，养成节约的好习惯

> 马云说："今天要在网上发财，概率并不是很大，但今天的网络，可以为大家省下很多成本。这个世界没有人能替你发财，只有你自己才能替你发财，你需要的是投资和投入，把自己的时间投资在网络上面，网络一定会给大家省钱，但不一定今天就能赚多少钱，赚钱是明天的事，省钱，你今天就看得到。"

节约不仅仅能够让你为自己和公司省下利润，同时还是你受到老板器重的原因之一。很多人能力很强，但是却得不到重用，有些人能力一般，却偏偏能够得到老板的赏识，原因就在于这种人能够懂得为老板"节流"。很多员工认为，为企业创造利润、节省成本是老板应该做的，却没有意识到这其实也是自己应该做的。"利润至上"是所有企业发展的目标和原始推动力，是企业存在的根本。如果你具备节约的优秀品质，能够在稳定经营的基础上增加收入、节省开支，那么，这也是一种利润创造。

要做到"节流"，首先要在脑海中树立节约的意识，比如每天少开几小时的灯、少开一会儿空调、纸张能够双面复印，能够让废物重新利用等。很多人都小看这些节能环保的行为，实际上公司的规模越大，节约的成果就越惊人，节约的成本也越多。树立成本意识，养成节约的好习惯是一名职场员工应尽的职责，也是一种必备的优秀品质。

李万钧是微软历史上最年轻的中层经理，很多人都不明白，凭什么他初出茅庐、毫无工作经验，仅仅入职微软两年就被提拔为中层经理，

这还不止,在2002年,他还因为在上海技术中心出色的工作表现,被调任美国总部高级财务分析师。究竟是因为什么,才让李万钧"一路飙升"无阻?

1998年,刚大学毕业的李万钧应聘为微软技术支持中心的一名网络工程师,他极具上进心,在工作上也表现得相当成熟、稳重,尤其在维护公司利益方面有着自己独特的建议和有效的方式,他善于从企业利益出发,尤其善于为公司"节流"。

刚刚入职两个月,李万钧就发现公司考核用的报表系统有诸多小毛病:考核"成绩单"每月月底才送呈经理那里,经理不能及时调配和督促员工,员工也不能有效地受到督促和提高;与此同时,以目前的状况,一旦业务量突增或有员工请假,对于刚刚发展的上海技术支持中心来说,很多工作就可能被耽误甚至造成大的损失、被客户投诉。

于是,李万钧利用周末休息的时间用ASP(微软服务器上的一种脚本)写了一个具有他所期望的报表小程序,并把它送递给时任微软大陆区上海总经理前展示了这个小程序。当经理看到这个小程序的价值,随即鼓励李万钧继续进行完善,并亲自与他探讨自己希望看到的数据和信息。

一个月后,李万钧利用业余时间做的报表系统取代了从微软总部照搬的Excel报表,在上海内部网页上投入了使用。实际上,李万钧设计的报表不仅取得了预期的激励员工的效果,每月新增加的报表功能,使得这套系统的应用范围不断扩大,半年后在微软欧洲公司也得到了应用。由于在报表系统创新上的出色表现,加上他在工作上的优异成绩,李万钧从管理者角度思考问题的潜在品质被总经理所看中,在2000年被提升为中层经理,负责组建亚洲现场支持部,成为微软历史上最年轻的中层经理。

在经济全球化竞争激烈的今天,市场形势日益严峻。除了提高自身的产品以外，有效地降低运营成本已经成为了多数企业的目标。如果这个时刻，你是一个具备节约品质的优秀员工，又怎么不会受到老板的礼遇和厚待呢？

有的时候，老板要求员工节约，要的不仅仅是一种行动，更是一种态度、一种意识。能够为公司着想、为公司节约，体现的是员工对公司的责任感。也许不是每一个人都能够为公司节约出大笔资金，但是只要这种品质互相传播，这种习惯互相影响，对公司而言就是莫大的收益。能够带头节约，做出表率的人，便是替老板着想，必将受到青睐，而带头浪费的人，无异于与老板作对，前途自然堪忧。你要做哪一种人呢？

5. 不要把年会的"盛宴"变成"剩宴"

> 拒绝不该有的浪费，就是对劳动的最大的尊重。"一粥一饭，当思来之不易，半丝半缕，恒念物力维艰"。节俭不是一句口号，而是一种行动。

任何一家企业的老板都希望自己的公司能够刮起"节俭风暴"，节俭不仅仅是老板一个人的事情，更是公司全体员工都应该做到的事情。节俭是一种优秀的品质，是中华民族的传统美德。拒绝浪费不仅仅是节约公司的一张纸，或者一支笔，最大的节俭应该从"舌尖"开始。聪明的员工都懂得，公司的事就是自己的事，为企业节约，其实就是为自己谋利益。现在很多企业单位及公司都降低了年会的标准，或者干脆取消年会。如果你的老板能够为你在年会中准备一场盛宴，那么你也不要浪费，让这场盛宴成为"剩宴"。

韩国著名企业家金宇中说："浪费是危险的，而且会变成坏习惯。

浪费金钱不只危险，更影响人们的精神状态。人对努力工作失去兴趣，只关心眼前的享受与刺激；他们喜欢幻想更甚于工作。牺牲勤劳和节俭，甘为懒散和奢靡所诱惑俘获；他们不愿脚踏实地地努力点滴积累，期待不劳而获。这种精神状态导致人性的堕落和腐败，最终导致个人和企业的衰亡。"企业作为每一个员工的家，为了企业的生存和发展，每位员工更要做到节约，不浪费。

孙晓玲在一家大型的国企就职，按照单位的惯例，公司的老板每年年底都会参加各地市分公司的年会。但是今年，老板只参加了省公司的年会，没有参加地市公司的年会，其实是为了减少接待的费用。公司提倡节约是员工们统一提出来的，因为年会剩下来的钱，可以给大家分发年终奖。

今年大家在年会聚餐的时候，饭菜的标准比往年低了很多。公司的效益一直都很不错，所以，每年年底开会聚餐都会选择在同一家高档酒店，今年换了一家中档的酒店。这其中的贡献也有孙晓玲的一份，她也是选票中的一部分。

孙晓玲的丈夫是另一家小企业的老板，为了能够节约，连年会都取消了。以前公司每年都会大办年会，单位的老板组织全体员工到外地玩。除了开会聚餐，还要表演节目，并且设置抽奖环节，奖品一般都是时下流行的数码产品。

由于公司的员工都具备节约这一优秀品质，很多员工都像孙晓玲一样，主动和公司提出，取消年会，或者只是简单地会餐，员工们在单位开总结会。而且就餐以后，每个人都能够将自己吃剩下的食物打包带走，这样可以做到不浪费。

节约的行为不只是我们传统美德的要求，更是可持续发展的必然选择，符合当今低碳环保的理念。提倡勤俭节约，不仅对老板、对企业有好处，更会惠及员工自身的利益。如果每一个员工都能够自觉地为企业奉献能力，为企业节约，为企业创造价值和效益，使企业的效益更好，企业就更有能力给予员工相应的回报和鼓励，员工也能够得到更大的利益。节约不应该只是一句空口号，而应该是具体的行动。节约，企业才能更好生存；节约，企业才能更好发展。所以，能够具备节约这种优秀的品质，是任何企业都喜欢的员工。

其实，节约不但是一种行动，更是一种精神。当一家公司拥有了节约的风气，往往就是公司凝聚力和向心力的证明，是公司员工素质和自觉性的证明。

6. 提升节约意识

> 英国小说家库珀说："拯救国家经济最好的办法就是节约。"

徐特立有诗云："半截粉条犹爱惜，公家物件总宜珍。诸生不解余衷曲，反谓余为算细人。"现在的生活水平好了，公司能够提供给我们更好的工作环境和工作条件，很多人在用公司的打印纸或者记号笔的时候，很少能够有节约这个观念。也许在工作单位，早就已经习惯了公文、稿纸等办公用纸单面使用，空白纸张随意丢弃。其实，这种司空见惯又何尝不是一种大的浪费的呢？节约不仅仅应该在大处着手，还应该从小的地方做起，这才是节约的根本。

其实，在工作中，能够做到"废品利用"也是节约的好行为。也许你觉得随手丢弃一张纸，似乎无关大局，然而量变的积累达到一定程度，就会发生质变。浪费一张纸、百张纸的确算不了什么，但若人人挥霍一张纸，时时浪费一张纸，其浪费将是惊人的。即便是生活水平提高了，我们也要继续保持艰苦奋斗的作风，也要做一个"算细人"。

袁娟是一家私立学校的语文老师，因为平时的工作效率高，校长又分配给她一项管理学校杂物的额外工作。学校的收益和每一个老师的工资挂钩，所以，厉行节约对于袁娟来说，是必须要提上日程的事情。

平时负责教小班的邵金娥，经常需要一些手工制品，所以她做的东西经常剩一些边角余料。每一次这些边角料都被袁娟一点点收集起来，留作日后做一些小的教具来用。因为袁娟的节约，学校的老师给袁娟取了一个绰号叫"守财奴"。袁娟经常为自己辩解，她说："别说咱们学校现在真不差钱，就是差钱了，老师的工资也从来都没有少发过。难道我们就不应该回报一下学校、节约一些吗？"

初中班的老师张弘经常要给学生们印模拟考试卷，她的3个班上一共有117名学生，为了节约印刷费用，袁娟每一次只给张弘从仓库里拿出正好的纸张数量。在袁娟的强制管理下，张弘现在已经养成了双面印考题的习惯了。

由于袁娟的管理，学校一年下来，在学校的杂物方面就省下了25000元钱，校长为了鼓励各位老师和表彰袁娟，直接将节省下来的这25000元钱奖励给老师，作为年节的奖金或者礼物。

厉行节约和精细化管理是企业的生存之道。细微之处见精神，点滴之处见利润。企业的员工帮助企业开源节流，提升节约的意识，让节约成为每个人生活和工作的方式。在生活和工作中做个"守财奴"并不丢脸，你节省的并不仅仅是公司的利润和成本，也是你自己的成本。

第四章

感恩：你的机会和收获远胜于报酬

在企业中，员工不可缺少的优秀品质之一就是感恩。一个人倘若不懂得感恩，便不能体会到生活中的美好。如果不是因为企业中的对手，你怎么可能知道你到底有多完美？如果不是因为老板的重用或者聘用，你怎么可能知道自己原来还有这些价值？如果不是同事的尽力配合，客户的联系和要求，你能够提升自己的业绩吗？当你心存感恩的时候，你便会发现你已经沉浸在幸福中了。

当励志不再见效：
一流人才必备的12种特质

1. 客户为悦己者合作，业绩为悦己者增值

> 一位哲学家说过，世界上最大的悲剧或不幸，就是一个人大言不惭地说没有人给我任何东西。每个人对生活都有索取，但是却将索取视为理所应当，不知道感恩的人能够体会到备受关心的滋味吗？生活需要一颗感恩之心来创造，一颗感恩之心需要生活来滋养。

人在这个社会上是一个无法独立存在的个体，每个人都在每天直接或者间接的享受着这个世界给你的福利。人的一生中也许要有许多发自内心的感谢。有些恩德可能是一辈子也报答不了，甚至无法报答，其实也无须报答，但是我们却需要从内心深处永远怀着这样一颗感恩的心。比如你在工作中，能够主动找你联系业务或者跟你合作的客户。美国著名女企业家玛丽·凯曾说过："世界上有两件东西比金钱更为人们所需——认可与赞美。"有的时候，客户往往因为你的一句话或者你的一个微笑就愿意同你合作，这直接成就了你的业绩。

其实，无论一个人才干有多大，你同样都需要有客户证明你的优秀。如果没有客户，你在工作中没有服务的对象，那么，你如何能够将自己的价值体现在其中呢？在工作中，要用一份感恩的心情去面对你的客户，因为有了客户才有了业绩的提升，有了业绩的提升才有奖金和薪酬。在工作中，对客户负责就是对你自己负责。用感恩的心去对待你的工作，你的工作也会给你一份意外的惊喜。同样的，在营销过程中，如果把我们的情感附加到产品或者是服务上，积极主动地去激发客户的情感，这样，客户看待我们的商品就会更有价值，也许客户就会在感动中

购买我们的产品。

马勋是一家电脑商场的销售员,因为马勋的优秀表现,他已经在公司连续三个月都获得了"优秀销售员"的称号。有一天,一位顾客来到电脑直销店挑选电脑,左看看、又看看,然后摇摇头,似乎没有看上任何一款电脑,正要转身离开的时候,马勋走过去,轻声地说道:"先生,我可以帮助您挑选到您最满意的电脑,我是这里的销售员,我很熟悉这里每一台电脑的性能、配置以及外观,我可以陪着你一起挑选,然后也能帮您打打折。"

这位顾客看了看眼前的马勋,满意地点点头,同意了他的请求。马勋让他看了一下自己店里的电脑,他并没有让顾客直接买,却带着这位顾客出门去了别的家电脑直销店。那位顾客将所有电脑看了一遍,马勋还在旁边讲解,电脑的设置、性能以及最低价位。但是,那位顾客并没有买电脑,似乎没有看到满意的。

最后,那位顾客对马勋说:"我还是决定去你们家店买你们的电脑。老实说,我决定买你的电脑并不是你的电脑比别人家店里的好,而是你对顾客负责的精神感动了我。到目前为止,我还没有享受过这种宾至如归的服务。"因为这位顾客的好评加上顾客的消费,马勋这个月的业绩再一次提升,成为了公司的销售冠军,他的奖金再一次翻倍,而且还受到了领导的赞扬。

马勋有一颗真诚的心,他知道怎么样来赢得顾客的心,总是能从细微的感情入手。很多时候,我们只注重和客户交流,推销自己的产品,却不知道顾客真正需要的是什么,不知道客户心里在想什么,只是以自我为中心去介绍自己的商品。如果是这样的话,我们肯定很难获得客户的认可。一件产品是否物有所值,不仅体现在它的使用价值身上,更体现在它的额外价值上。同理,有了情感的附加价值,商品也就不再是单一的商品。面对顾客的时候，营销者就应该多做情感工作，让对方看到你提供的不只是一件普通的商品，而是一件被赋予情感价值的商品，是一种传递感情的媒介。

当客户的情感被满足、要求被重视的时候，客户也会及时发现你给予他们的附于商品背后的情感价值，你也就能够轻松俘获客户的心。作为工作人员，不仅要能言善辩，更要善于发现细节，从顾客的一个眼神、一句话语、一个动作上发现他的需要，善于从顾客的情感中发现商机，然后为他提供方便，进而博取他的好感，让他们对你销售的商品欲罢不能，真正做到非买不可。其实，要想由内而外地去感染顾客，多一些附加价值在商品上，让顾客感受到自己被重视，比如多一些贴心服务，都会收到非常好的效果。

2. 有对手才能更完美，有竞争才会"力争上游"

> 我们不甘落后、力争上游是因为有对手的存在，适者生存就是指谁能适应环境，谁就能成为强者，而对手既能帮助我们登上成功的巅峰，又能够使得我们失去一切，对手之间，是一种动力，也是一种统一。对手能让我们知道自己的缺憾和不足，让我们至臻完美不被淘汰。

生活中的对手和工作中的对手通常都是让人最头疼的，似乎有这样的对手存在，就总是给我们的生活和工作带来很多的麻烦。很多人常常把自己的对手看成是眼中钉、肉中刺，看到了对手就会情绪激愤，大有"背水一战"的架势。其实，在生活中，若没有对手的存在，我们永远都不知道自己还可以继续进步；在职场中，若没有对手的存在，我们永远都不知道我们可以那样完美。"同行是冤家",其实,同行是让我们变得更加强大的唯一动力。在科学领域上,没有对手的推陈出新,也就不会有我们自身的改变,从而不断地去改造更新颖、更适合人们的科技产品,更能够满足人们需求的产品来。

在职场中,每个人都拼尽全力的为了自己的理想而奋斗,都希望自己能有一个大的发展。但是由于很多人在职场中都不能正确地看待对手,总是狭隘地将自己的全部精力转移到对同行的仇恨上,从而忽略了自身的提高。最后自己差得更多,与对手之间的差距也越大。人们常说:"下棋找高手,弄斧到班门。"要想知道一个人的水平,就要看他的对手,他的对手越强,他的能力才越强。一个人有了一个对自己有威胁的对手,才可能有一个更大的进步。

马静波是一家私立学校的英语教师,学校实行奖金制度。老师平时的表现由学生、家长、同事、上级四个部分的打分,然后加上班级平均分的排名,得出的结果就是取得多少奖金的依据。每一个新带班的老师和马静波境况都相同,各班级里面都有一些从别校转学来的英语学得很差的孩子,然后按照学校的教学进度,分期查看他们的成绩的提升状况。

马静波班级的学生刚刚开始学习的时候,班级的平均分是25.3分,其他的几位老师也分别在27分左右徘徊。虽然每位老师都尽心尽力地带自己班级的学生,但是三个月后,果然出现了差距。冯老师的班级通过学校的测验,班级学生的平均分上升到了72.7分,张老师班级的学生平均分上升到了67.5,只有马静波的班级,学生的平均分还是不及格的56.3分。根据四个部分的总评分,马静波排在了倒数第二。

这个排名不仅仅使马静波没有拿到奖金,他还受到了校长的批评。因此,马静波打算安下心来,让这一切都能得到改观,从而有一个快速的提升。她积极地利用闲暇地时间去其他的老师班级听课,并认真地做笔记,然后积极地改进自己的教学方法,并细心地给学生们辅导。三个月后,成绩再一次出来的时候,所有的人都震惊了,冯老师班级的学生平均分84.6分,张老师班级82.7分,马静波的班级91.5分。

马静波因为成绩优异,被提升为分校的副校长。马静波也因为教学成绩突出,被全体家长和全校教师选为"优秀教师"。马静波因为同事的强大,迫使自己不断改进自己的教学方法,最后超越了对手,为自己赢得了成功。

每一个对手都是我们人生的跳板,所以我们应该感谢对手,是他们让我们在一次次的比拼中,更进一步,更上层楼;感谢我们的对手让我们知道,原来我们内存如此大的能量,并且这种内存只能靠他们去激发;感谢我们的对手,让我们知道我们还有那么多的不足,然后努力让自己臻于完美。如果在工作和生活中,没有竞争对手存在,我们永远都不可能会有大的进步。所以,无论是工作中还是生活中,我们都要怀着一颗感恩的心,感恩不仅是一种美德,也是做人的一个基本条件。

3. 感谢老板帮你验证了你的人生价值

> 有位著名企业家曾说:"是一种感恩的心情改变了我的人生,当我清楚地意识到我无任何权利要求别人时,我对周围的点滴关怀都怀抱强烈的感恩之情,我竭力要他们快乐。结果,我不仅工作得更加愉快,所获得的帮助也更多,工作也更出色。我很快获得了加薪升职的机会。"

感恩是每个企业员工都不能缺少的一种重要品质,现在很多员工总是对自己的老板不满,甚至抱怨。其实,这种经常抱怨的员工,本身是不具备感恩这种优秀品质的。因为他从来都没有想过,即便是一个再有才华的人,也需要别人给他做事的机会,也需要他人或大或小的帮助。他们在老板的公司里施展了自己的才华,实现了自己的人生价值,但是之后,感恩之心却消失殆尽,变得无影无踪。

其实,在职场中,我们根本没有必要去抱怨自己的老板,因为我们最重要的职责就是将自己的工作做好,无论自己在企业中处于什么位置,你都应该把属于自己的职业范围内的工作做得更好。

其实,选择工作是双方向的,不单单是我们选择,同时也有公司的老板认可,还有同事之间的亲密配合。当你抱怨老板的时候,你有没有想过你当初能够进入公司,并做到现在的位置,能够自由地发挥自己的才能,难道不是老板给你的机会吗?对于自己的老板,不仅要以感恩的心态对待他,更要去感谢他。

韩梅梅是一家对外贸易公司的文员,本科修的是法学,毕业两年了,她却感觉在职场上几乎没有什么发展。她对自己的朋友小惠说:"这家贸易公司没有什么前途,因为我们老板的水平不行,一个公司的老板都不行,怎么可能有什么发展呢?我决定参加考试,以后找个其他的工作。"

为了实现自己的目标,通过国家司法考试,韩梅梅在办公桌上摆着几大本复习资料,将自己"充电"的时间安排在工作的间隙中。韩梅梅"充电"准备考试的事情被老板看在眼里,老板不但没有生气,还对韩梅梅的行为很宽容,甚至还不时地给予她鼓励。还在公司里面对其他的员工说:"企业和员工的合作边界是彼此为对方做好自己的事情,员工对自我的提升,并不意味着跳槽,公司为何不能宽容一些,让这样的员工在企业的内部也能够有广阔的发展空间呢?这种信任和务实的双边关

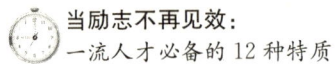

系,在让职业人直接受益的同事,也是利于公司的长远发展的。"

韩梅梅对于老板的说法和行为感到很意外,她十分感激老板。她对其他的同事说:"我们老板人很好,能够这样宽容一个员工,并让员工去成长。即便是他的水平不高,公司也未必就没有发展。"韩梅梅开始考虑了,也许自己留下来也是一个不错的选择呢。

感恩是一种积极的心态。懂得感恩的人永远比那些不懂感恩的人更加可亲、可敬,无论是哪一家企业,都更乐意去接纳一个心怀感恩的员工。

4. 工作是一种实现自我价值的平台

> 美国作家比尔·海贝斯说:"工作不是一种惩罚,也不是人们经过思考后想干的事。工作是上天神圣的安排,是造物主用快乐和有意义的活动填补人类生命的一种方式。"

如果一个员工没有感恩这种优秀的品质,工作对于他们来说,就是一种苦差事、是一种繁重的劳役。在生活中,很多人都将工作视为一件费心费力的苦差事,从来都不去想自己在工作中得到了什么,总是对自己的工作缺乏热情,不懂得感恩,抱着"当一天和尚撞一天钟"的心态,让自己在工作中得过且过。没有感恩品质的员工,永远都不知道自己的这种想法是错误的。要知道,世间一切美好的事物,都是送给我们的一份礼物,因为有了这份礼物,才让我们的生命拥有了一种愉悦身心的体验。

其实,你的工作并不单单意味着你与公司之间那种简单的被雇佣与雇佣的关系，而是一种实现自身价值的平台，也是一个提升自己的支点。当你在工作中，更好地表现自己的时候，你会发现机会总是与你不期而遇，命运之神总是报答的时候，你就会发现，你在工作中充满活力和激情，你也能够同时享受到工作中的乐趣很关照你。工作为我们提供了稳定的薪水，解决了我们的衣、食、住、行等生存所需，并让我们在不同程度上获得一种归属感、成就感和荣誉感，这些都值得我们感恩并珍惜。

在蓉蓉的眼中，工作是非常无趣的体力活，自己每天坐在电脑前，重复地敲击着键盘，自己一直这样浑浑噩噩地、得过且过地过着自己的生活。最要命的是这几年自己频繁地被自己的几家公司开除，工作和生活给自己带来了太多的不开心，心灰意冷的蓉蓉决定离家出走，她徒步跑到了泰山，打算让自己平凡而渺小的生命终结在伟大的泰山之上。

当蓉蓉万念俱灰地攀上泰山的南天门时，她遇到了一个正在南天门旁边歇脚的挑夫。挑夫主动地和她打招呼，并且和蔼地告诉她："年轻人，这个山上有太多易燃的树木，为了你的生命安全，请你千万不要吸烟啊！"

都到这个时候了，居然还有人关心自己，蓉蓉有些感动，于是便和这个挑夫闲聊起来。挑夫笑着说："你太幸运了，世界上游览过泰山的人，连百分之一都没有。尽管我基本上每天都上泰山，但是我从来没有像你一样，以游客的身份空身而上过。"看到挑夫身旁的扁担和沉重的货物，蓉蓉奇怪地问道："你这样的工作不是很累人、很无聊吗？"蓉蓉的话语中充满了对挑夫的无奈和同情。

挑夫很坚定地回答说："其实，我得感谢我的工作，感谢这座山、感谢这6666个台阶，更感谢我肩上的扁担和沉重的货物，是它们给了我谋生的职业，我才能够赡养我家里面的老人、抚养我的孩子、保证我家庭的生活保障。我唯一能够回报的就是尽一切可能的将自己的工作做好。"听到这里挑夫的话，蓉蓉为之一振。她终于知道自己为什么觉得工作和生活一切都索然无味了。她真诚地感谢过挑夫之后，便轻快地走下山去。

看完上面的这则故事，也许很多人都能够充分领悟到生活和工作的价值和意义了。如果一个人具有感恩的品质，那么，工作对于他来说，就不是一种惩罚，而是一种快乐和有意义的活动填补人类生命的一种方式。工作对于我们来说是一种生命的馈赠，它不仅仅让你知道了你的人生价值，还给了你生活的来源。故事中挑夫的话语很好理解，当你对自己的工作怀有一份感恩之心的时候，你就会感到你的工作不是廉价的劳作，不是艰辛的苦役，而是一个赖以生存和发展的平台，一份非常珍贵的恩赐与礼物。

5. 同事的配合铸就了你的今天

> 叔本华说："单个人是软弱无力的，就像漂流的鲁滨孙一样，只有同别人在一起，他才能完成许多事业。"

在工作中，每个人都可能会遇到一些棘手的问题。当我们被这些棘手的问题深深困扰时，同事的帮忙和支持总是能够让我们振作起精神，勇敢地迎接困难和挑战。每一个身在职场中的年轻人，都应该怀有一份感恩的心去看待自己的同事，没有他们的协助，我们的工作就不能够顺利地开展。在工作中，每个人与自己的同事们有缘相聚，形成了一个集体，大家在公司里有着共同的目标，都希望公司能够越来越好。同事之间的互相帮助就像是一条无形的纽带，能够将大家串联到一起，一起解决困难，一起获得快乐。

当然，如果不具备感恩之心的人，彼此之间就不能想到相互协作，更不懂得去感恩，认为所有的事情都是自己做的，与他人无关。这样的话，在公司谁也做不好工作，大家都感受不到对方的关爱。在企业中，我们每个人都有着自己的专长，每个人拥有的专业技能构成了一个团队存在的价值。为了能够让团队的价值发挥得更好，团队中的每个人都应该做好自己的本职工作，同时对自己的其他同事施以援手，公司因为员工们之间彼此团结，才能够发展和壮大。

在一家公司的销售部里，王强、李勇与刘刚共同负责跟单工作。王强负责下单和打样，李勇负责催货和发货。由于刘刚是新人，所以他的工作比较杂乱，平时负责跟单，同时又带有一些助理的性质，很多事情他都需要处理。

一次，刘刚接到公司上级的通知，本月28号是截仓的日子，跟单人员必须在此之前把所有的货物送到预定的仓库。于是，刘刚将通知传达给了王强，通知他28号就要截仓了，27号必须马上出货。

可是到了28号，当刘刚告诉王强要发货时，王强却说情况有变化，28发不了货。听到王强这样说，刘刚真是气不打一处来，因为他早已经跟客户说好了，28号入仓是能够达到的，现在王强却这样拖后腿，使得刘刚无法跟客户交代。

当刘刚再次打电话让王强想办法时，王强连想也没想就直接说办不到，而李勇在一旁却袖手旁观，推脱说是刘刚的客户，与自己无关。刘刚只好硬着头皮给客户打电话，希望对方能推迟发货时间，但是客户死活不同意。

最后，刘刚只好去找经理，将事情原原本本地告诉了经理。结果，三个人都被经理狠狠地批了一顿："三个人还搞不定一家客户，干什么呢你们？你们到底懂不懂协作？你们到底愿不愿意做这份工作？"

如果王强、李勇与刘刚三人互相协作，刘刚又怎么能完成不了工作，最后又怎劳烦经理出面呢？可三人互相掣肘，致使事情推迟、拖延。同事之间的互相协调才能使工作往更好的方向发展，在企业中，员工之间的关系就是"一荣俱荣，一损俱损"。在公司里面，如果没有同事的信任和支持，我们在公司里面就会陷入孤立状态，使得自己寸步难行、无所作为，但是当我们怀着一颗感恩的心与同事一起工作时，彼此之间的气氛就会变得非常融洽。

我们除去睡眠和休息日，大部分的时间都是和同事一起度过的。能够在一家公司工作，就是一种缘分。我们更应该懂得珍惜同事之间的这份情谊，要彼此互相关爱。当一个人心怀感恩的时候，对同事一点一滴的帮助都会铭记在心，在同事遇到困难时，也总愿意帮忙，愿意付出更多。每一个人都应该学会对自己的同事感恩，平等友善地对待自己的每一位同事。

6. 勇于接受批评

高尔基说："不要为了尖锐的批评而生气，真理总是不合口味的。"

在工作中能够接受批评的员工，不仅仅具有谦虚好学的品质，同时也具有感恩的优秀品质。一个人愿意去批评你，这也是一种鼓励，人在这样开放的环境中比较容易取得进步。一个乐于接受批评的人，往往能够快速地成长起来。

任何一个想要在工作中学习和进步的人都要记住，这个世界上没有无缘无故的批评。既然是批评，总有他们自己的道理。试着去想这些道理，它会帮助你推翻你自己，然后将自己的工作做得更加出色。在工作中，批评是对你个人成长再有利不过的事情了。你不仅不应该对那些批评你的人生气，还应该转换思维，对那些批评你的人衷心地说一声谢谢。接受批评的意义在于改掉自己的错误，帮助自己在以后的道路上不再犯同样的错误。当我们接受批评的时候，还应该将批评的意见一一记录下来，在以后的工作中，时刻的拿出来提醒自己，让自己一直都处于正确的轨道之中。

周小曼是一家公司的招聘讲师，每天负责给一些新的员工上一些培训课，负责介绍新工作。周小曼在自己的岗位上已经工作两年了，对于工作中的所有流程都熟记于心。由于轻车熟路，有的时候周小曼就会偶尔开小差，比如让新员工自己写工作报告，也不会再给员工提示一些工作上的禁忌，这样导致很多新的员工在工作中，总会频繁地出现一些问题。

这件事被人力资源部的主管王欢察觉到了，她起初提醒了周小曼，并没有说什么其他的话。但是这些对周小曼并没有起到任何的作用，她依旧未加改正，我行我素。

周小曼的不服从态度终于惹恼了王欢，王欢将周小曼叫到了办公室，严肃地对她说："周小曼，最近你的培训工作总是出现问题，我不知道你是否需要帮忙，你培训出来的员工送到各部门也总是出现问题，你这个培训师怎么当的？你有没有反思过自己的工作？"听到王欢的问话，周小曼一副满不在乎的样子回答说："我知道我自己要怎么培训，不需要别人来教我。"

看到周小曼这种态度，王欢气得不行，但是王欢并没有直接表现出来，而是提醒周小曼说："今年咱们公司是有绩效考核的，达不到要求，到时候你还能这样理直气壮，你再来找我。"

年底的时候，人力资源部的五位培训师在一年内一共培训了3214名新员工，其他的培训师不合格率很低，但是周小曼所培训的10名员工中就有7人是不合格的。上面的考核部根据培训师的绩效和能力，决定辞退周小曼。周小曼一个人落魄地离开了公司。

一个人只有勇于接受批评，勇于改正自己的错误，才能够在工作中不断提高。在工作中，能够批评你的人都是相信你能够做得更好的人，对于这些批评，我们要怀着感恩的心态去看待，将每一次批评都看成是一种鞭策和鼓励。能够接受批评也是一种上进一种信心的表现，人的一生不可能不犯错，有错就改、接受批评，才能更上一层楼。有句话说："一个批评的看匠，能够成全一个优秀的画匠。"的确是这样，如果一个人不具备感恩的品质，他会将看匠的每一次批评都当成是对自己的挑剔，他就永远都不知道自己的画中到底有什么应该改进的地方。

7. "压力"是激发个人潜能的"恩人"

> 福利国家的理论构建者威廉·贝弗里奇说："人们最出色的工作往往是在处于逆境的情况下做出的。思想上的压力，甚至肉体上的痛苦都可能成为精神上的兴奋剂。"

感恩是职场中必不可少的优秀品质之一，懂得感恩的人，即便是工作中的压力困难，也能够成为激励自己向上的动力，而心无感恩的人，压力就是令他们焦虑和痛苦的绊脚石。很多人在工作中总是抱怨，他们对工作缺乏激情，总觉得工作很辛苦，压力太大。其实工作真的只会给你带来压力吗？工作之所以在每个人心中反应不同，是因为每个人的心态不同。压力有的时候能够激发出一个人的潜力，压力就好像一把横在脖子上的刀，令你全身的神经都紧张起来，在这种紧迫感的感觉下，奇迹就产生了。

在工作中，任何人都不是一帆风顺的，总会遇到这样或者那样的困难，但是人只有在面临后无退路的境地之中，才会集中精力、拼命向前，去赢得属于自己的位置。从某种意义上讲，巨大的压力会给人一种向生命高地冲锋的机会。如果在工作中，因为压力而产生焦虑或痛苦的情绪时，一定要及时地更新观念，不要将压力仅仅看成是我们的"仇人"，将之看成是激发我们个人潜能的"恩人"，那么，压力就会迅速转化为你挑战自我的动力，最终让你以更为积极的心态去应对工作，最终做出更大的贡献。

一个人在压力的驱赶下，能够产生超强的能力。果真这样想想的话，我们就会感谢压力的存在，是压力激发了我们人体最大限度的潜能，让自己变得更优秀。科学家曾说，人在巨大的压力之下，身体内部就会分泌出巨量的肾上腺素，可以激发出人无尽的潜能，可以最大限度地促使人跑得更快，跳得更高，力量也会更强大，从而取出惊人的成就。在工作中，如果人们总是处于顺境或者宽松的环境中，永远都不可能爆发出这种惊人的潜能与取出惊人的成就的。所以，我们的平时的很多成绩都是压力作用下产生的。

所以，在工作中遇到了压力的时候，不应该抱怨，而应该对此心存感激，它能够挑战我们生命的极限，让我们不断地超越自己，成为更优秀和更卓越的自己。这样的话，我们就可以从抱怨和痛苦之中解脱出来，以积极的态度面对工作、面对生活，让生命向更高的方向飞去。

8. 知足也是一种感恩

> 台湾漫画家蔡志忠说:"如果拿橘子来比喻人生,一种橘子大而酸,一种橘子小而甜,一些人拿到大的就会抱怨酸,拿到甜的又会抱怨小,而我拿到了小橘子会庆幸它是甜的,拿到酸橘子会感谢它是大的。"

虽说"知足常乐",但是在现实的生活中,真正能够做到知足的人并不多。在职场中,经常会有员工抱怨自己的老板小气,不提拔自己,抱怨自己的薪水太少等。但是,他却从来都没有想过,自己做的工作和工资是否真的不成正比。其实,这种人无非就是一种不懂得知足和感恩的人。在职场之中,想要自己得到与众不同的待遇,就要拥有与众不同的品质,做出与众不同的表现。作为企业的员工,应该让自己在待遇与工资方面懂得知足。工资并不能决定一个人在一家企业的所有发展,只要这个地方有我们可以学习的经验,有可以发展的空间,我们就应该留下来并为之努力工作。

一个人只要有实力,就会在工作中得到提拔,只要经验丰富又肯付出,就会受到重用。这个时候,反过来再看,工资待遇已经在无形之中得到大幅度的提升。因此,抱怨工资低不如学习经验,抱怨待遇不好不如努力上进。在工资和待遇上一味地不知足,只会让一个人心生懈怠,失去工作积极性,只有在满足中,才会将工作做得更好、更出成绩!

在对待工资待遇上,我们只有易于满足,才能容易得到发展。在对待业绩和工作上,我们则应该有着永不满足,永远有进取的精神。事实证明,老板和员工对于业绩的评判标准是不一样的,员工心中比较好的业绩在老板眼里往往只是合格。因此就造成了在老板心里真正业绩好的人少之又少。这个时候，谁能够异军突起，谁就会赢得瞩目。

小王和小韩是同一所大学毕业的两名大学生。两人毕业之后又同在一家外企公司求职。小王是一个易于满足的人，颇有随遇而安、"无欲则刚"的风范，在了解到这家公司发展前景比较好之后就开始安心工作，而小韩刚到公司的时候，则显得很兴奋，向老员工不停地打听着薪资待遇方面的各种问题，盘算着自己大概多长时间能够转正，多长时间能够涨工资。

工作两个月之后，小王一如既往，但是小韩却开始坐立不安。他感觉自己已经工作两个月了，虽然公司一般的试用期是三个月，但是自己工作很出色，理应提前转正。他禁不住到处向领导、主管打听自己转正的消息，但是却得不到任何答复。

转正的烦恼困扰着小韩，他每天不停地想："自己这么优秀，还是不能够提前转正，自己为公司做了很多，还是没有升职加薪，自己到底有没有必要继续待下去浪费时间？"这些烦恼使得小韩不能安心工作，他的业绩很快就滑落下去。

相比之下，小王的想法则与众不同。小王认为，自己只是一名刚刚毕业的大学生，可以说是并无过人之处，待遇低是正常的。而且自己当初对这家公司做过调查，确实拥有很好的发展前景，自己只要努力工作，力争优秀，薪金待遇早晚会提升上去的。就算退一步讲，这个公司不适合自己，自己也应该主动学习经验，这样自己在下一次工作之中就不是"新人"了。这种想法使得小王在工作的时候格外卖力，遇到不懂的地方虚心求教，一定要弄懂为止。因此，他的前期业绩虽然不如小韩，但是却稳步提升。同时他与公司建立了良好的默契——他用努力回报公司教给他的经验，公司则用薪金回报他的努力。

一年以后，小王荣升主管，成为这家公司最年轻的主管之一，但是小韩却早已经辞职，还继续在别的公司，停留在"试用期"的阶段。

公司与员工之间，存在着一种互相给予、互相帮助的关系。如果对公司没有感恩的品质，没有知足的心，是难以换来发展的。我们需要用知足来让自己工作得更快乐，用不知足来让自己工作得更好，这样才能使自己的工作快乐又有进步开心又出成绩。

人们常说，知足常乐。但是又有人说，不知足是人进步的根本。事实上，在对待自身待遇上，我们应该经常知足常乐，懂得对老板的感恩与回馈，但是在业绩的提升、事业的进步上，我们则应该永远充满野心，用业绩回报他人、回报自己。试想，能够拥有如此品质，不是比能力更重要吗？

第五章

积极：努力进取，全力以赴

激情是热爱工作的一种表现，职场中很多人会认为能力是最重要的，实际上，这不过一种是短期的看法。等时间久了，我们就会发现，即便能力再强，如果没有了热情的态度，就会逐渐地对工作失去信心。积极的热情是保持工作激情的最好药剂，同时也是工作中必须具备的一种优秀品质。在工作中，积极主动的员工是每一位做老板的人都喜欢的类型，不用事事都和他交代，他的眼中总有活。在工作中，他总是能够主动给自己找到学习的机会，让自己每一天都在进步，这样的员工怎么能成为优秀的员工呢？工作就是工作，没有"分内"和"分外"之分。在你的职权之内，应该完成的事情不分大小，不要推辞。不要让自己在懒惰和享受的面前停下脚步，主动严格地要求自己，争取做到最好。

1. 从"要我做"到"我要做",不须扬鞭自奋蹄

> 黄怀宁说:"主动是所有成功人士的秘密武器,我在《一生的保证》里分析了成功只诞生于三个环节:创造、传播、使用。没有主动性谈什么创造呢?没有主动谈什么传播呢?如果你觉得什么东西好你不主动传播,最后就成了别人向你传播,成了向你收费的人。"

很多年轻人在工作中总是很被动的,很少能够主动地投入自己的热情和智慧。在企业中最优秀的员工不是那种遵守纪律、循规蹈矩的人,而是那种能够发挥自己的主观能动性的人。积极主动是优秀员工必备的一种品质。积极主动的人,即便是没有人要求,依旧能够将工作做到最好;积极主动的员工,即便是老板没有安排工作,也能够根据公司的发展和规划,主动找到工作去做。在企业中,如果你是那种"要我做"的人,你永远都不可能得到意外的发展机会,只有那种"我要做"的人才能是老板的同盟,与老板共同分配盈利剩下的部分。

年轻人在职场中要培养自己积极主动的习惯,不要事事都要人交代。眼里要有活,不用扬鞭自奋蹄,这样才能够改变你在公司中的被动地位,能够让自己更多地接触工作。如果你在工作中总是很主动,在老板需要的时候出现,在老板没有想到,但是你做到了的时候出现,老板又怎么会觉得你不贴心呢?不要觉得这样做很没有必要,在这样做之前,你必须明白自己是在为谁工作的,不为老板、不为金钱,只为你自己积极和主动的好习惯。

娜塔莉是一家公司的实习人员,刚刚大学毕业的她,还没有任何的

工作经验，但是她很乐于学习。娜塔莉发现经常受表扬的员工有一个共同的优点，那就是积极和主动。比如埃尔，他做什么事情的时候，都是按照步骤，下一步应该做什么，还没等老板安排，他就已经准备好了。比如鲍里斯，老板让他看看市场上什么哪种蔬菜最走俏。等鲍里斯回来的时候，交给老板一个表，里面记录了最常见的八种蔬菜，他们分别多少钱一斤，都被送到了那家工厂里加工，到加工后市场价格。这些事儿老板都没吩咐，老板只是让他看看市场上那种蔬菜最走俏。

娜塔莉明白了这一点后，决定好好向鲍里斯他们学习。有一次，老板让娜塔莉到市场上看看土豆多少钱一斤。她记住了这一点，跑到市场上把每一家的土豆价格都记下来，还带回了样品。老板看后很满意，夸奖了娜塔莉。但是没过多久，另一个新实习的员工坎比奴回来了，不仅带来了土豆，调查的情况和自己一样，还带回了西红柿。坎比奴和老板说在查看土豆的时候，发现好几家的西红柿都出现了断货现象，不知道老板需不需要，所以他把样品和种西红柿的农民都找来了。

看到老板高兴的样子，娜塔莉知道：主动和积极不是简单的模仿，而是从内在到外在的积极和主动；不是在为老板工作，而是在为自己创造机会。

不要事事都等老板交代，这已经成为优秀的企业员工必备的重要素质。很多年轻人在企业中都抱着"当一天和尚撞一天钟"的心态，从来都不愿意多做点。总是觉得自己多做了就是吃亏了，而且自己没有必要超出薪酬去为老板提供服务。其实在公司里面，你能够赚多少钱不是老板能够掌控的，主要还在于你自己。老板能够看到你的努力和业绩，能够清楚地看出你在工作的时候，是想敷衍了事、得过且过，还是真心实意。

如果你在工作中不具备积极主动的品质，那么，你永远都不可能在工作中做出突出的业绩。一个对工作不积极主动的人，也是对自己发展前景漠不关心的人，同时也永远无法获得额外的酬劳。

在老板看来，一个需要别人督促才能够努力的人，是很难有所提升的。只有在没有人催促的情况下仍旧能够努力为公司创造效益、用心工作的人，才是真的一心为公司着想的人，才能够赢的老板的信任、让老板放心把重担交给你。

2. 不要懒惰懈怠、安于现状

> 《瓦尔登湖》的作者亨利·戴维·梭罗说得那样："一个人如果充满热忱地沿着自己理想的方向前进，并努力按照自己的设想去生活，他就会获得平常情况下料想不到的成功。"

有一句话说得好："不想争第一的人，连第二也当不了。"在职场竞争之中，充满了优胜劣汰的法则。一个人如果没有积极的精神和进取的野心，最终就会被残酷的职场竞争所淘汰。有的人危机意识不够强，认为自己只要安于现状，就算不会变得更好，也不会变坏，却不知道竞争犹如逆水行舟，在拥有野心的人进步的时候，那些没有野心的人早已经被远远地抛在后面。

具备积极主动的优秀品质，是一个员工在职场中能够获得成功的必备条件。很多人对待工作总是缺乏应该有的热情，从来都不会主动多做一点工作，这样的员工能够完成自己的本分工作，但是不会去主动要求自己做得更多。职场中如何调动工作的积极性？最好的办法就是激发雄心。如果没有雄心的话，人就只能一直平庸下去。因为雄心是目标、是方向。一个人的命运,往往与其内心的渴望有着紧密的联系。一个人最终取得的人生高度,是平庸还是辉煌,很大程度上取决于"雄心"的有无;一个人最终平庸与辉煌的程度,则取决于"雄心"的大小。

当一个拥有了"雄心"的时候,就会主动要求自己提高工作能力和改善工作的方法,通常都是自己做到的成果远远超出老板要求的目标。给老板一个惊喜,老板也会给你一份惊喜。在职场中,应该有雄心,这样才不会懒惰懈怠,才能不断促使自己向成功迈进,在职场中昂首阔步。不甘平庸是一种向上进取的动力,一个人只要拥有这种动力和态度,就不会丧失对工作的热情,也能够在工作中取得进一步的发展。

廖丹丹是一家贸易公司的员工,在公司里面做了一年了,她觉得自己做得很不开心,总是喜欢找朋友小周"诉苦"。她对小周说自己很不满意自己现在的工作,小周询问她原因,她回答说:"我现在在公司里面已经工作一年了,老板也不给我加薪,也不重用我。有一些新员工都爬在我的头上去了。"小周听到后说:"那你们老板的确是挺过分的了,那你打算怎么办呢?"廖丹丹回答说:"如果再这样下去,我就找老板吵一架,然后跟他拍桌子,告诉他我辞职不干了。"

听到廖丹丹的说法小周点点头,然后问她:"你都在公司干一年了,那么,你对你们贸易公司的业务应该都弄清楚了吧?对于做国际贸易的窍门也应该完全懂了吧?"听到小周的问话廖丹丹疑惑地回答:"懂得一些,但是并不是完全懂。你问这个干嘛?"小周说:"有句话说'君子报仇,十年不晚。'我建议你先冷静下来,认认真真地工作,把公司里面值得自己学习的贸易相关知识都弄懂弄透彻,然后再一走了之。这样你不仅学到了技巧,而且拥有一身的技能,可以去更好的公司找工作,你说呢?"

听到小周的说法,廖丹丹觉得很有道理。如果自己真的一气之下离开了公司，去找别的工作，自己的各项技能也不是很精通，恐怕工作也没那么容易找。于是廖丹丹听从了小周的意见，一改往日散漫的习惯，每天认认真真地工作，甚至下班之后还在公司里研究贸易技巧、商业文书和公司组织。

又过了一年，廖丹丹再一次和小周相遇。小周笑着说："你现在大概都已经学会了贸易公司工作流程的所有技巧，应该可以和老板拍桌子辞职走人了吧。"廖丹丹不好意思地说："可是我不打算离开公司了。"小周明知故问："为什么不离开了呢？你不是很气愤，很不满意自己的工作吗？"廖丹丹说："最近半年来，老板对我刮目相看，还委以重任，又是升职，又是加薪，我现在已经成为了公司的不可或缺的人，说实话，我现在不想离开了。"小周笑着说："这一点我早就预料到了。当初你贸易流程都不精通，又不认真工作，也不想学习，怎么能担当重任呢？老板怎么会给你升职和加薪呢？"

廖丹丹想要掌握所有技能的野心、想要证明自己的想法，反而激发了她的积极性，使得她的进步更加明显，并最终得到了重用，促进了自身的发展。

一个在工作中不认真、不思进取的员工是不会被加薪和升职的。一个人如何能够让自己进步，不应该总是站在自己的角度去想问题，而是应该换个角度去看问题。如果你总是按照老板分配的任务去完成，那么你最多算作一个合格的员工；如果能够超出老板的意料之外完成任务，你就是一名优秀的员工。在企业中，每个人都应该具备积极主动的优秀品质。

3. 将解决问题当成自身的义务

> 诸葛亮从来不问刘备：为什么我们的箭那么少？关羽从来不问刘备：为什么我们的士兵那么少？张飞从来不问刘备：兵临城下时我该怎么办？于是，有了"草船借箭"，有了过五关斩六将，有了据水断桥吓退曹兵……赵子龙接到进攻命令时手上只有20个兵，收获成果时已攻下了10座城池，多了2万兵，增了3000匹马，军令只是写着：攻下城池！如若万事俱备，你的价值又何在？

要做一个好员工，还需要具备一项素质，那就是在接到领导安排的任务时，最好不要说"我做不了""我做不到"。要知道，老板请你来工作，是为了让你帮他解决难题的，如果一遇到难题你便说"做不到""那太难"等之类的话，那说明你对他是无价值的。试想，谁会重用或提拔一个无价值的员工呢？

在工作推进过程中遇到困难，无法继续进行，这是极为正常的事情，我们需要做的就是主动寻求解决问题的答案或方法，哪怕你的办法不妥，哪怕你去向别人请教，但无论如何也不要对你的老板说，我不会。

在职场中，要想发挥你的最大价值，就要把解决问题当成自己的义务。当出现问题时，你要清楚为何会出现这样的问题，出现此类问题的危害，问题的严重程度，等等。这时，你还应该针对问题找出解决的方法，当事情超出你个人权限范围的时候，你可以将解决办法上报，然后由老板来拍板决定选择什么样的方法。

如果你只是将问题提出来，等着老板拿方法，自己在一旁却束手无策，这就表明你将本该自己要完成的事情甩给了老板，也就是说，你失职了。

如果你只是向老板提出问题，然后等着他去做决策，无论老板怎么做都是错误的。如果他去了解信息然后决策，那是他在做你应该做的工作；如果他不去了解信息直接拍板，那是从自己的经验出发，没有考虑到实际情况，很容易拍错，即便他拍板对了，那也是错，因为他代替你思考，剥夺了你成长的机会。

一个真正聪明的员工在找老板汇报工作时，应该这么说："老板，您看，我现在遇到问题了，有以下的几种解决方案，一是……二是……三是……我个人比较倾向于第三点，您怎么看呢？"然后，老板可能同意，那就直接去执行你的想法；如果老板有不同意见，那就积极与老板商量，最终提出最佳的解决方案，而不能直接上来就说："老板，我遇到了问题，您看怎么办呢？"老板哪里知道怎么办，你是最了解信息的人，你最应该懂得怎么去办，该如何去尽一个员工的义务。

那种将问题直接甩给老板的做法，是在逃避自己的责任。当事情出现了差错或者没有完成好，他们就会很自然地为自己开脱："决策不是我做出的，事情是按照老板的办法进行的，是老板的方案不对，而不是我执行得不到位。"

其实，这种想法和做法都不对的。要知道，老板花钱请你就是来让你解决问题完成工作的，问题解决不了，工作完不成，没有出现良好的结果，这是你的责任而不是老板的责任。老板只是给你提供机会，然后给你提供建议，并不负责完成你该做的工作！

惠普管理层员工高建华曾讲过这样一个他亲身经历过的故事：他在加入惠普后，遇到了一个问题，不知道该怎么去做，然后去找自己的上司请教，请求上司给自己提供一个良好的解决方法。没想到上司听完高建华的叙述后说："我不会给你提供解决办法，你自己去想吧！"对此，高建华说，我当时感觉很不平，觉得这位上司太不懂得体谅下属了。但是现在，他却对上司很是感激。因为上司不给他解决问题，他就必须自己去想办法解决难题。几天后，当高建华带着自己的建决方案再去找上司沟通的时候，他已经对这个问题有了全面的了解，也有了充足的解决问题的信心。上司对高建华的表现也极为满意，并对他的方案提出了自己的一些修改意见。

解决问题的能力是员工最关键的能力，没有之一。在工作中遇到困难是正常的事，在这时，如你能将解决问题当成自身的一项义务去履行，不仅能给老板留下"很靠谱"的良好印象，而且还能在无形中提升自己的能力，何乐而不为呢？

4. 好员工的标准：服从、执行

> 要做一个好员工，一定要具备多种素质，比如忠诚、负责任等，但是对老板来说，好员工的最根本的标准便是服从、执行。服从，即为在明白老板意图的基础上，按指令完成老板分派给自己的任务；执行，即圆满完成工作任务，甚至能超预期地完成需要去做但老板还未想到的事。

很多入职多年的年轻人总有一个疑惑：在老板心中，究竟什么样的员工才算是好员工。其实，做老板心中的好员工特简单，就四个字：服从、执行。

服从主要表现在对上级下达的指令和任务欣然接受，毫无怨言，并全力以赴地贯彻执行，就是不讲条件，不问原因，不计较报酬，不折不扣地落实完成；还表现在无论遇到什么样的困难，遇到多大的阻力，都会恪尽职守，想尽一切办法达到目标。可以说，在职场中，服从是不折不扣、有效执行的前提。服从的员工会让领导或老板觉得这个员工好管理、工作中能顺从自己的心意。

当然了，服从并不是盲目的、闭着眼睛鲁莽瞎撞，老板或领导说什么就是什么，更不是被动地逆来顺受，主要是指能欣然地接受命令，勇于承担责任，认真评估各种状况，找出解决的方案，克服一切障碍，高效及时地完成任务。

有的员工可能会说，我有能力，我比领导的水平高，我就不听领导的。要知道，你的领导或老板之所以站的位置比你高，说明他肯定会有比你强的地方。比如：他比你更有大局观念，他掌握的信息肯定比你更全面、判断得更准确，他的眼光比你精准，运筹帷幄的能力更强等，因为老板或领导更容易接触到更高层，更了解更高层的意图，他知道的你不知道，你在自己的角度上认为"这么做对"，但是领导在更高的层面，并不一定会这么看。所以，你要让老板或领导觉得你是一个"好管理、用着放心、顺心"的员工，那就先学着服从吧！

当然了，一些人觉得领导分明就是瞎指挥，明摆着不对，我干嘛要听他的？这是另外的问题，如果你觉得你发展的环境无法让你增加知识、增加经验，无法让你再进步，那就考虑辞职吧！

好员工的第二点就是执行，即为领导或老板给你的工作，你必须得按时完成并且汇报总结。如果这个工作要持续较长的时间，那么，你就需要阶段性的给领导进行反馈，让领导觉得"你做事，他放心"。

小徐是某家生产型企业营销部门的一员，他毕业时间不长，经验和阅历也比较欠缺，但他却具备了好员工的潜质。

小徐工作中有一个特点，也就是当部门主管交代他一项工作时，无论难度有多大，在做之前绝不为自己找任何借口，或是推脱给别人执行。

近日，上级老板给他安排了一项工作任务：协同采购部门人员，到郑州为展厅模特购买配套的服饰或装饰性用品。接到任务后，小徐立即安排行程，赶往郑州去工作。

7月份的郑州气温很高。加之当天将要下雨，不仅没有雨滴的光顾，而且也变得闷热起来。

小徐到郑州之前，因为深知领导安排他此行的目的就是为风格方面的把关。所以，到达郑州后，小徐东奔西走，穿梭于各大服饰广场。尽管忙碌了一天，腿酸背痛，饥肠辘辘，甚至连早饭都没能吃上一口，但为了使工作完成得更出色，他可谓是精挑细选。直到晚上市场纷纷关门时，还有两项采购任务还未完成。

其实，一整天下来，同来的采购人员早已经疲倦不堪，当晚即驱车返回了。返回前，采购人员要求小徐一同返回。但小徐认为，工作未执行完毕，故临时决定多停留一天，继续比较和选择，并就自己的决定向部门主管通了电话。对于小徐的决定，部门主管是认同的。

次日，经过近一天的奔波，小徐完成了工作任务，并如期赶上了公司的布置。这让几个公司部门主管都很满意。随后，采购部向老板汇报工作时，顺便将些事说了，老板对小徐产生了良好的印象，也将他作为下一次升职的重点候选人。

其实，对于小徐来说，他当天完全可以同采购人员一同返回的，部门主管不会指责小徐什么，毕竟也忙了一整天，而且原本安排的出差时间也就是一天，所以，小徐当天回去，也无可厚非。但小徐却适时地调整了计划，并全力以赴地完成领导交付的任务。在这期间，他完全做到了两点：服从、执行，所以以后得到领导的重视也是自然的事情。

关于执行，很多年轻人都会犯这样一个错误：领导安排的工作，他只要不问，你就不主动去说，总觉得那事儿老板一定算是过关了。真的过去了吗？哪有那么容易过去，领导都记着呢，只不过他不提罢了，他在观察你是否有自觉性和积极性，是否有较强的执行能力，你的能力是否能胜任那项工作。如果你不主动提，当有一天，老板主动来问你时——"小刘，上次安排你做的那件事儿怎么样了？"这个时候，他在心里就已经给你贴上了"不靠谱""不负责任"的标签。这个标签一旦被贴上，那也意味着你距升职、加薪的距离变得遥远多了。要知道，一个"不靠谱""不负责任"是需要你用十个"靠谱""负责任"来扭转的，如果你有两个"不靠谱"，那么，你在老板心中的不良印象就极难转变了；如果有三个"不靠谱"，那也基本意味着升迁和加薪与你无关了。

5. 生命在于运动，工作在于主动

> 何塞·穆里尼奥说："今天我做了别人不愿做之事，明天我就可以做别人不能做之事。"

古希腊哲学家苏格拉底说："要使世界动，一定要自己先动。"在企业中，有的时候你需要自己主动一些，找点活干，你的作用才会显现出来。尤其是在职场中，积极主动才能让你得到更加多的机会，有的时候你在工作中需要主动地多要求自己一些。

著名的投资专家约翰·坦普尔顿通过大量的观察研究得出的一条很重要的真理：取得突出成就的人与取得中等成就的人几乎做了同样多的

工作，他们所做出的努力差别很小，只是多做了那么一点点小努力。也就是说，如果你想要让自己跑得更快、跳得更高，那么，你需要多加一把劲一样。一位成功的推销员总结自己成功的经验就是："如果你想比别人更优秀，那么你就必须坚持每天都比别人多访问5个客户。"

贾新是一家酒业公司的行政人员，由于行业竞争激烈，公司发生了财务危机。为了能够渡过这一难关，公司决定连续三个月停发工资，以成本价格发给与工资相当的产品，由公司内部的员工负责去出售。这就意味着如果每一个员工能够以批发价卖出产品，他们将获得比工资多30%的钱；如果能够以零售价卖掉，那么就能够获得接近工资一倍的钱；当然，如果卖不掉的话，那么只能自己享用了。

贾新没有做过销售，当他看到一箱箱沉甸甸的啤酒时，忍不住发愁。贾新的家庭条件不是很好，而且家里面有两个正在学的孩子，妻子还没有工作，由于家庭负担比较重，所以他没有过多的犹豫，立即起早贪黑，蹬着三轮车走街串巷、挨家挨户地销售啤酒，还深入到了餐厅、酒楼、招待所、工厂甚至农村。有的时候还不得不先赊账后付款，不到半个月的时间，他的啤酒就全部销售一空了。然后贾新又立即赶紧进货，结果用三个月的时间赚下了全年的工资。当他尝到了甜头，还主动要求调到销售部，后来成为了公司的业务骨干。

率先主动是一种极其珍贵、备受看重的素养，它能使人变得更加敏捷、更加积极。无论你是管理者，还是普通职员，"每天多做一点"的工作态度能使你从竞争中脱颖而出。你的老板、委托人和顾客会关注你、信赖你，从而给你更多的机会。在企业中，想要脱颖而出就要学会主动找点活干，机遇和财富都是自己积极主动找出来的。

老板也会更喜欢主动的员工，一个主动的人往往能够带动其他人的工作热情和积极性，最终提高整体的工作效率。当你提高了整体的工作

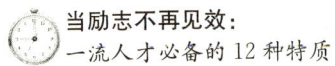

效率,老板又怎么会不赏识你呢?

能力只能表现自己,积极的品质则能够传染他人。成为一个主动的人,你将会成为集体中的主心骨,工作中的先锋官,职场中的成功者。机遇只青睐积极者,成功永远属于主动的人。

6. 力所能及的工作没有分外事

> 美国著名出版商乔治·W.齐兹说:"我并不仅仅只做我分内的工作,而是努力去做我力所能及的一切工作,并且是一心一意地去做。我想让我的老板承认,我是一个比他想象中更加有用的人。"

很多人在职场中更愿意让别人说他是打工者,因为在他的眼里,工作就是老板用钱买自己的劳动。一些员工将工作分为分内事与分外事两种。分内事就是老板雇佣自己,做薪酬服务范围内自己应该做的工作;分外事则是工作是别人的,老板给自己的薪酬当中不包括这部分。因为有了这种思想的支配,很多人都不愿意在工作中多做一点。其实,即便你是普通的职员,"每天多做一些工作"的这种工作态度能够让你从激烈的竞争中脱颖而出。

对于工作中的分外事,你不做的话,老板的确不能埋怨你什么,但是倘若你做了,老板也不会视而不见。他会更加关注你和依赖你,从而在实现你人生价值的基础上,给你更多的机会。很多人都喜欢找各种借口来搪塞,却不是让自己努力成为企业中的佼佼者。有些时候那些所谓的"分外事"能够帮你验证你的能力和价值,其实,有很多类似的这种"分外事",要完成它是毫不费力气的。如果你想要比别人更优秀,你就要比别人永远高出那么一点点业绩来，比别人多做一点，其实这就是事业成功者高于平庸者的秘诀。

乔治·林是一家杂志社的责任编辑，刚刚开始工作的时候，他一个星期只能赚到6美元，但却需要每天工作14个小时。有的时候，整个办公室的人都走了，只有他一个人在工作。当他的同事去剧院看电影的时候，他在学习。当他的同事出去找采访任务的时候，乔治·林已经找了最热门的人物来参加自己的采访。为了能够抢到热门的新闻，他还将自己的吃饭时间也用来续写稿子。

稿子交到主编那里检查的时候，乔治·林顺便将主编的办公室卫生打扫好。

有的时候，乔治·林做起工作来常常不管分内分外，干起什么工作都十分卖力。这让策划部的主管凯瑟琳很欣赏。渐渐地凯瑟琳开始把属于自己的工作也丢给乔治·林，有的时候还把很困难的策划让他来做。当乔治·林做好了以后，凯瑟琳就稍微改改，然后写上自己的名字，很多人看到了这个，都觉得心里面很不舒服。很多人都为乔治·林抱不平，但是乔治·林却什么都不计较，反而说："没关系的，我也学到了策划方面的知识。"

主编看到凯瑟琳提交的一系列策划方案都很满意，夸奖了凯瑟琳好多次。有一次，凯瑟琳正在琢磨乔治·林的策划，恰巧被主编撞上了。凯瑟琳连忙说："乔治·林做的策划文案有些地方不行，我正帮他看看。"主编翻看了一下，说："我觉得很不错，要不，你交一份更好的给我？"凯瑟琳连忙羞愧地低下了头。没过多久，乔治·林就取代凯瑟琳做了策划部主管。

其实，在工作中，很多分外的工作实际上就是一种锻炼，如果你能在接触分外事的时候，以一种积极的心态去面对，你就一定能够在工作中获得一个大的提升。现在很多公司中，每个人的工作内容相对比较确定，并不一定有许多分外之事让我们去做。有的时候在职场中仅仅需要你多付出那么一点点责任、决心和一点点敬业的态度和自发自动的精神。现在很多人都希望自己能够在职场的竞争中胜出，当分外事和你不期而遇的时候，你要毫不犹豫地把它们揽在手中，并且一定要做得有声有色，引起老板的关注和认可，这样的话，你所期望的职位和薪酬便会实现。

在职场中，不仅仅要尽职尽责，还要在分外事上花费一点力气，这样既可以展示自我、提高能力，还可以赢得上司的关注，加重自己的职场砝码。总之，每天做一点分外事，厚积而薄发，你的职场生涯必将有一个灿烂的明天。而且有些分外事会使你最大程度地展现自己的工作态度、最大限度地发挥你的天赋，让自身价值不断升值。

在工作中，品质永远比能力更值钱。当你能够积极做一些分外事的时候，你的价值已经无形中上升，老板会从你对公司的责任感上看出你的与众不同。对身边的事情睁一只眼、闭一只眼的人，最终也会降低自己在别人心目中的重量，能够对力所能及的事情都伸出手帮忙的人，终究会显示出自己品质的可贵与难得。

7. 你是全力以赴，还是尽力而为

> 欲在职场中创造奇迹，我们就要时常扪心自问：我今天是尽力而为追兔的猎狗，还是一只全力以赴逃命的兔子？

欲追求卓越，只能"全力以赴"，而不是"尽力而为"！开水烧到九十九度不会开，飞机在起飞之前，驾驶员如果没能排挡杆推到极限，飞机就无法安全的在跑道距离内飞上蓝天。没有全力以赴的人，其人生就好像机长没将飞机排挡推到极限一般，飞机无论飞多久，永远都在机场。如果你希望自己在职场中尽早有成就，必须要全力以赴地对待你的工作，而非尽力而为。

有这样一个故事：

一天，一个猎人带着猎狗去打猎。

猎人一下子就击中一只兔子的后腿，为了逃命，受伤的兔子就开始拼命地往前奔跑，猎狗在猎人的指示之下，飞奔着去追赶兔子。

但是，追着追着，兔子就跑不见了，猎狗则只会悻悻地回到猎人的身边，猎人就开始不停骂猎狗了："你真是一点用都没有，连一只受伤的兔子都追不到！"猎狗听了极为舒服，哭丧着脸说道："我可是尽力而为了啊！"

刚才猎人追赶的那只受伤的兔子跑回到洞中，并把自己经历的险情对兄弟们说了一遍，它的兄弟们都全部围过来，极为惊讶地问道："那只猎狗很是凶狠啊，你又带着伤，怎么跑过它的呢？"

"它是尽力而为，我是全力以赴啊！它没能追上我，最多只是挨顿骂，而我如果不全力以赴地跑，我就会丧命的呀！"

尽力而为，只会差强人意，而全力以赴才能更为卓越！其实，生活中，每个人都是有很多的潜能的，但我们往往会对自己或对别人找借口："管它呢，我已经尽力而为了！"事实上，这是远远不够的，尤其是在这个处处充满竞争和危机的年代，你稍不努力，就有被淘汰的可能。为此，欲成就一番事业，一定要经常问问自己：我今天是尽力而为的猎狗，还是全力以赴的兔子呢？

威廉是美国推销界的顶尖高手，年收入高达百万美元。他在担任某公司的销售经理时，因为一些居心不良的人士到处散布该公司发生财务危机的谣言，使公司内部员工的士气大大地低落，工作热情也大大地削减，最终导致整个公司的业绩也开始下滑。

因为情况极为严重，威廉为了挽救局面，不得不召开一次大会。在会议刚刚开始的时候，他首先请业绩最好的几位销售员站起来，要他们说明一下近来公司销售量下滑的原因。这些销售员一一都站起来，不是将原因归咎于经济不景气，就是不停地埋怨公司广告部的宣传不到位，再不就是近来市场上消费者对产品的需求量削减。

听完他们的抱怨之后，威廉就突然地站起来让大家肃静。然后接着说："停，会议暂停10分钟，我现在要把我的皮鞋擦得亮些！"

接下来，威廉就将公司附近一名小鞋匠带到会议室中来，开始给他擦皮鞋。所有在场的人员都不明白这是何意。

那位小鞋匠仅用了2分钟时间就利索地将他的皮鞋擦得铮亮，表现出了极为专业的擦鞋技巧。

等皮鞋完全擦亮后，威廉就递给了小鞋匠1美元，然后开始重新发表他的演说。他对所有的人说："我希望你们每个人好好看看这位小鞋匠，他每天都要擦上百双皮鞋，可以为自己赚取足够的生活费，并且每月还可以存下一些钱。他曾经告诉我,他将擦鞋的工作已经当成了一项艺术来做。同他在一起的还有另一位小男孩,年纪要比他大些。比他大一点的这个男孩每天都很尽力,但是,仍然无法赚取足够的生活费。现在,我想问你们一个问题,那个大男孩拉不到生意,是谁的错?是他的错,还是顾客的错呢?"

"当然是那个孩子的错。"大家异口同声地说道。

"当然没错了!"威廉回答,"现在我要告诉你们,这个时候与一年前的情况是完全相同的,同样的地区、同样的对象以及同样的商业条件,你们的销售业绩却远远比不上去年,这到底是谁的错?是你们的错,还是顾客的错?"

全体推销员全部都站起来,又发出雷鸣般的回答:"都是我们的错!"

威廉说:"你们能够坦率地承认你们的错误,我极为高兴,现在我要明确地告诉你们的错误在哪里。你们一定是听到了公司财务发生问题的谣言,才动摇了你们的销售信念,影响了自己的工作热情。不是由于市场不景气,而是你们的推销工作不如以前那样卖力了。现在,只要你们回到自己的销售区去,并保证在30天内提高自己的销售业绩,公司就绝对不会出现财务危机,你们能够做得到吗?"

"做得到!"几千名员工一起大声地喊起来。最终,他们果然办到了,还使公司的业绩突破了历年来的最高纪录。

一位哲学家说:"人来到这个世界上,做任何事都要全力以赴。哪怕是最为卑微的职业,只要你全力赴,便能做得最好。"即像故事中的小鞋匠那样,将擦鞋当作一项艺术来做,全身心地投入进去,内心便不会感到迷惘,也就能远离一些消极的情绪了。如果我们每个人都能够全身心地投入到自己的工作中去,即使你的能力再一般,也可以取得最好

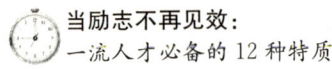

的成就的。

在任何时候,我们的热情都是完全掌握在自己手中的,只要我们时刻用一颗热忱的心去面对生活,对待自己的事业,就能够发挥自己生命里的潜在能量,从而真正实现人生的成功一跃,拥有美好的未来。

第六章

合作：团队第一，个人第二

　　职场中最宝贵的品质之一便是合作精神，合作对于职场中的工作进行和成功具有重要的作用。有句话说："一滴水只有融入大海才永远不会干涸，一个人在团队之中，才能体会到团结的力量。"在工作中，彼此的支持和配合尤其重要。如果你是一个只为一己之私而不顾群体利益的人，无论你有多大的才能、有多少功劳，老板都会放弃你。在职场中，如果每个人都是一块木板，想要打一桶水，就需要大家合力变成一个桶。但是你不要让自己成为最短的那一块木板，让自己成为团队中最薄弱的那个人。在团队中，要服从整体的调控，不要因为自己的意愿就拒绝听从安排。要知道，工作中没有"超人"，公司离开你也可以照样运营。

1. 服从即是一种合作

> 请求比命令能得到更好的结果。服从是你对老板最高的赞美。

在职场中，服从是一种美德，也是一种合作。有句话说："服从是你对老板最高的赞美。"作为员工，就要忠实地执行老板的命令，不要挑战老板的权威。能够服从老板，也是间接地接受与老板之间的合作。合作是职场中一种重要的优秀品质之一，懂得合作的人，才会在职场中有大的发展，懂得合作的员工，才是一个优秀的员工。

有的时候，老板的某一项决定表面上看是错误的，实际上，他却有可能是从更加高远的角度考虑，仔细抉择后方才做出的决定。老板没有必要和每一个人解释他做出某一项决定的原因与理由。

因此，当我们对某些事情有异议的时候，可以提出自己的观点，但是对于老板的命令，却一定要懂得服从。服从命令是对老板的尊重、对老板的信任、对老板的赞誉、对老板的理解。一个团队只有信任和理解它的领导者，才可能团结、有效率。

很多年轻人都忽视了合作的重要性，服从就是合作中的一种。为什么要服从老板的命令，不仅仅是因为你在他的手下做事，你是公司里面的一员。如果企业里面每个人都不听从老板的指挥，每个人都有自己的想法，管理制度就形同虚设，大家的心也不会往一处使。一个没有规章制度和严明纪律的企业，就好比一盘散沙，就谈不上竞争和生存，服从就是事业成功的保障。

张宇是一家公司的经理助理，负责给老板提供一些会议稿件。有一次，领导按照自己的意思拟了一张会议的演讲稿，然后让张宇给组织起来一篇好的演讲稿。当张宇在大会之前送到领导手里时，领导大略看了一下，然后拿着稿子点点头。

开会的时候，领导一个人在会上慷慨激昂地念着演讲稿，所有人都在安静地听着。忽然，老板发现演讲稿中的某个内容和自己想的不一样，便叫来张宇询问，然后让他马上改。虽然领导之前就是这样通知张宇做的，但是张宇并没有为自己辩解，而是马上进行了修改。但是改完之后，老板还是不满意，脸上露出了不愉快的神情。很多同事和员工听了之后，都听不下去了，但是，张宇什么也没说，只是按照老板的命令去行事。

会议上的很多人都暗自地想："明明刚刚开始时的稿子就很好，改了之后的就差很多。"很多人从心里面佩服张宇。

几年后，张宇成为了公司的副总裁。有的同事想起了当年的事情问他："你当时为什么不为自己辩解呢？"张宇笑着说："因为我是员工，首要的任务就是执行老板的命令，理解了就去马上执行，不理解就在执行中慢慢理解。而且，就算是有什么疑问，我也可以在事后向老板说明，当面对老板的命令不服从，是对老板的不尊重。而且老板后来和我说了，他那次那样做，也是有原因的。"同事听了才恍然大悟。

张宇之所以能够坐上副总裁的位置，原因就是他懂得服从领导的命令，每一个在职场中打拼的年轻人都应该有这种"理解了就马上去执行，不理解就在执行中慢慢理解"的态度去应对自己的老板。当老板问询你的意见时，你可以有所发挥，如果你对一项决议有建议时，也可以有所保留。唯独当一项决定成为命令时，那么唯一的选择就是服从并执行。如果说服从命令是军人的天职，对于企业员工来讲，服从领导的命令就是一种美德。在职场中，老板的命令就是军令，聪明的员工知道，老板的命令是不可违抗的，你的看法和你的主张不能用来对抗老板的权威，只要老板正式发出了命令，你所要做的就是执行。

老板发出的命令就是这个团队中的指向标，大家都往这一个方向去，而你偏要去往其他的方向，其实就是在耽搁大家的时间。在公司里，不能与上司保持友好合作关系，只会带来失望的结果。要忠于公司，这当然不是说你一定得同意上司的见解。在公司中，必须要保持上级指挥下级，下级服从上级的制度。若是不注意这一点，不但会给本人和上司造成麻烦，公司的业务进展也会不顺利。

因此，我们需要拥有显著的能力，更要具有服从的品质。这样才能够让自己与公司这台大机器中和谐地运转，与老板团结在一起，成为公司的中坚力量！

2. 工作中没有"超人"只有"众人"

> 李嘉诚说："你们不要老提我，我算什么超人，是大家同心协力的结果。我身边有300员虎将，其中100人是外国人，200人是年富力强的香港人。"

在工作中，合作仍然是最重要的。一个人如果想在职场中做出一番成绩，干出一番事业，一定要有团队精神。一个人的力量再大，大不过集体。就像歌词中唱的那样"一双筷子轻轻被折断，十双筷子牢牢抱成团"。一个人的能力在众多人能力相加的面前是非常微弱的。

一个人再能干，也不可能单独完成一次团队的任务，一个人不懂得与他人合作，永远都不会做成什么大的事业。要想做到最好，仅靠自己是不行的。只有取长补短，才能不断地进步。一个人的智慧是有限的，在许多事物上，我们并不能做到事事圆满。当我们借助团队的时候，这些问题就不会存在了，所以，在职场中，没有超人，只有众人。一个优秀的员工，一定是具备合作这种优秀品质的。

想在工作之中做超人的人，往往会认为自己的能力水平突出，却忽视了重要的一点：没有其他人的帮助，一个人是无法做任何事的。

在工作之中，可以说每一个人都是不可或缺的，只有大家分工合作，相互协力，才能够让公司像一台机器一样正常运转。缺了任何一个零件都不行，单靠"零件"更是不会有任何大作为。但在工作中也可以说每一个人都不是不可替代的。一台机器零件坏了，完全可以换个零件。一个人如果在工作之中认为自己作用突出，想成为"超人"，因而影响了整个公司的运作，那么他就即将要面临被"换掉"的命运了。

在工作中，一个人再怎么强大，也是有薄弱的地方，想要把事情做到尽善尽美，就不得不向那些在某一方面比我们强的人学习，我们要学会与他人建立良好的合作关系，并尽力地营造和谐的气氛，善于集众人的智慧于一身的人，才能更好地借助团队的力量，才更易于成就大事。一个人只要拥有一颗坦诚谦虚的心，又善于博采众长，那么，凡人也可以变成超人的。一个组织的组成是由队员组成的，每个人手上都有不同的信息和看法，这就是众人力量的厉害之处。

集体合作的力量是从每一个个体中获得的，要想让木桶能够装更多的水，应该不仅仅是只加长一根木条，而是应该加长所有的木条。如果集体的力量想要更加强大，那么，在集体中的每个人都应该共同努力，大家互相取长补短，通力合作。在工作中，懂得与他人建立良好的合作，不仅仅能够让大家一起获得成功，同时也能让自己在团队中得到益处。

因此，一个拥有凝聚力的团体胜于任何个人，拥有团结合作的品质的人更胜于拥有突出能力却不能够与人合作的人。想要有所成就，需要明白如何能够让自己所在的集体能够发挥更大的能量，而不是一味地寻求让自己成为"一枝独秀"。

3. 听从分配，认清自己的位置

> 欧内斯特·卢瑟福说："科学家不是依赖于个人的思想，而是综合了几千人的智慧，所有的人想一个问题，并且每人做它的部分工作，添加到正建立起来的伟大知识大厦之中。"

在工作中，合作精神是非常重要的精神品质。很多事情的成功都不是一个人的努力，在任何时候，你取得的成绩都有大家的一份功劳。重视与同事和老板之间的合作，就能够帮助你在事业上取得更大的成就。

同样，在工作之中也要学会与同事工作同做、责任同担、利益同分、功劳同享。

一个自封"独占头功"的人在团体中是最不受欢迎的人。为人要谦和，团队中出现了难以攻克的问题时，要和大家拧成一股绳，不分彼此。在利益分享的时候，一定要慷慨，这样才能赢得好的人缘，才会赢得自己的支持者，才能在职场中越做越好，路才能越走越顺。

与他人分享好处就是给对方服用"定心丸"，这个和你在路上遇到一只饿狼是一个道理，一边跑的时候，一边往狼的旁边扔点肉，如果你不习惯这样做，狼会将你变成自己的口中食。

同样，一个在工作之中推卸责任、偷懒耍滑的人，也是最不受欢迎的。做人要勤奋，身为一名员工，就要在该出现的时间，出现在合适的位置上，做好自己的本职工作，并且拿出相应的绩效。给你的任务无论是否让你满意，是否符合你的专业，你都要从整体考虑出发，尽最大的能力完成这份工作。

因此，在工作之中，最重要的是要能够认清和摆正自己的位置，明确自己在集体中的作用。要知道，一个人强大只能算是能力，没有发挥的空间也枉然，集体强大才是真的实力，才能够让个人能力得到更好地发挥。因此要学会一切以集体为主，听从集体安排，努力让自己在自身位置为整体的进步发挥最大效用。没有这种品质，能力再高都是枉然。

萧瑶是一个能力非常强的女孩子，是一家社办杂志的主编。平日里，萧瑶和同事之间的感情都不错，而且总是喜欢和大家处在一起，写写稿子，玩玩扑克。

一次，出版社有一个很好的选题，社长让大家来选题，萧瑶当仁不让地第一个拿到了选题，结果她的所选书大卖，但是同事们却没有几个人去恭喜她。又过了一段时间，她主编的杂志在一次评选中获了大奖，她更加开心了，经常在出版社里开心地说自己得奖的事情，有的时候又向大家说自己书畅销如何，当然，同事们也都象征性地向她祝贺。

但是这两件好事过去没到3个月，萧瑶却在也难以乐呵起来了，她发现自己和单位的同事谈话，很多人都以忙为借口不理自己，有的时候，上司和属下都对她敬而远之，让她感觉到自己在出版社很孤独，很多人总是和自己过不去，找找她的小毛病。以前一起玩过扑克的同事，现在也开始回避萧瑶了。

每一个人的成功都有其他人在背后或多或少的支持，萧瑶的成功也同样离不开自己的那些同事，自己身为主编，但是杂志能够拿到奖，其他的编辑也有这份荣誉，而不是自己一个人的功劳。主编的贡献很大，但是其他人的贡献也不小，总是想着荣誉独享就会给其他人不舒服的感觉。没有集体合作意识的员工，在职场中，他的路不会走得太远。其实，人与人之间是双项选择题，也是可以双赢的。并不是很多人以为的那种单选题，有你没我，有我没他。任何人都需要他人的帮助，都需要集体合作的力量。

4. 不要成为团队中的最"短板"

> 西班牙的智者巴尔塔·葛拉西安告诫人们："不断地完善自己，使自己变得不可替代，让别人离了你就无法正常工作。这样，你的地位就会大大提高。"

作为一名员工，有谁愿意当集体中的"最短板"呢？集体中的"最短板"意味着你是集体中最差的员工，你不仅会因为自己的平庸而得不到公司的任何奖励，同时你也会影响其他和你在一个团队中的员工成绩。任何一个有团队精神的员工，都不会让自己成为团队中的最短板，不让自己成为集体进步的"绊脚石"。在企业中，如果想要让自己成为不可替代的那个人，你应该想着如何让自己卓越。

企业中"最短板"的人，不仅仅会遭到同事们的鄙视和嘲弄，成为大家的负担和撒气筒，而且在企业中还会永远被人瞧不起，永远没有升职的希望，永远没有成就自我事业的机会。企业中的老板培训员工，提高团队的整体素质。力图消灭公司中最差的员工，一旦发现你就是那个不求上进的人，你将会被毫不留情地淘汰掉。具备合作这种优秀品质的员工，一定不会允许自己成为团队中的"最短板"，而是努力地让自己成为一个全面发展的职业人。

张志文是一家公司的仓库管理员，平时负责清点仓库中的库存货物。小刘是公司的出货员，每一次出货都需要和张志文交接，然后将货物送到送货员李娜那里，再将单子传交给张志文，告知他货物的出售情况，张志文再做货物的剩余统计，将货物出售的情况做表交给销售部的主管张颖。张颖每天负责统计和检查各销售部的货物单子，然后评比出优秀的小组，然后将结果交给财务部，财务部根据各组的表现分发基本工资和绩效奖金。

李娜是新来的员工，她平时懒散惯了。进入公司以后，每天悠闲地上班，从来都没有任何的紧迫感。赚着正常的工资，她觉得很好，正好够自己花，没有必要拼业绩。当张志文将出仓货物登记后交给小刘时，小刘却怎么都找不到送货员李娜。原来，李娜跑去公司的资料部，打着查资料的幌子去上网聊天，结果货物在那里存了一天。

第二天，李娜去送货，又因为张志文和小刘说了自己，她心情非常不好，送货的时候也不是很积极，尽管张志文和小刘再怎么积极，货物的运输量总是低得可怜。月底算薪酬，开员工大会的时候，张志文他们这一组员工全部都受到了公司的点名批评，李娜却不以为然。看到李娜的表现，小刘和张志文向领导反映情况，最后，李娜被公司开除了。

"木桶理论"不仅仅适用于不同的个人，还可以用到同一个人的身上，一个优秀的员工绝不是那种仅仅在某一方面具有出色能力的人，只有综合能力强，才不会让你的能力大打折扣。一个组织和一个人，都不是凭借某一方面在团队中立于不败之地的。一个人是否具备强有力的竞争力往往取决于他是否有明显的薄弱环节。所以，一个人一定要找到自己的短处，让自己的短板变长，迅速跟上团队的脚步，让团队因为自己而更加骄傲。

如果把企业比喻成一台机器，那么，这台机器随时会把不合格的零件换掉；如果把企业比喻成一个木桶，那么这个木桶随时会把最短的木板换掉。想要在企业中与大家合作无间，首先一定要拥有自己不可或缺的价值。

暖姨是一家公司里负责整理材料并存档的员工。因为近期公司效益不不好，公司很可能面临大规模的裁员。这个消息让暖姨十分震惊。她自己学历不高，在这个工作岗位上工作也不够出色，十分缺乏竞争力。经过一番思想斗争，暖姨决定提升自己一项能力，让自己成为公司里有用的人。她开始拼命练习打字。

暖姨年纪大了，而且以前对电脑一窍不通，但是她凭借着巨大的毅力，迅速练出了快速打字的本领，让许多年轻人都望尘莫及。最终，暖姨本来的工作被一名档案管理专业的大学生所代替，而暖姨成为公司最好的一名打字员。原来的打字员则被辞退了。

职场有时候是残酷的，当一个人无法为集体尽力，甚至成为集体的拖累时，往往就面临着被淘汰。不要成为企业的拖累，不要成为团队的负担，只有找到自己的价值，才能真正地实现自我。拥有这种品质的人，也远胜于偷奸耍滑的人，或者有能力却总为团队找麻烦的人。

5. 激励你的同事，让团队结成"兄弟般的友情"

> 歌德说："不管努力的目标是什么，不管做什么，单枪匹马总是没有力量的。团结永远是一切善良思想的人的最高需要。"

在工作中，你真正的对手不是你的同事，而是你自己。同事是你的伙伴，是和你共同为团队创造业绩的"兄弟"。在同事遇到困难的时候，你需要拿出自己的热情去激励你的同事。在团队中，你们拥有着共同的利益、共同的目标，你们需要拧成一股绳，共同前进。

对于一个合作要求性很高的团队来说，如果同事之间不懂得相互激励，不懂得相互携手，那么，这个团队的凝聚力就会随之削减，凝聚力小了，工作成效自然就低，工作热情也就降低了，如此，就可能形成了一个恶循环。团队成员之间需要彼此互相鞭策、互相鼓励、互相给对方力量，同事不经意的一句鼓励，就足以让备受工作折磨的我们不再迷茫，让我们看到前方的曙光。优秀的员工一定要重视与同事之间的鼓励。要明白，激励和鼓舞不仅能够拉近彼此之间的关系，在工作中携手同行，还可以让受挫者和自卑者找回自信，从阴影中尽快摆脱，只有这样，大家才能共同进步。

李岩是一家广告公司的设计师，由于他平时工作认真踏实，公司的老板也很看好他，但老板分给他一个任务，让他在十天之内把一个广告的具体策划以及蓝图完成，并且一再强调这个项目的重要性。本来得到老板的重托是一件很开心的事情，但是正当李岩全身心地投入了自己的工作期间，母亲打来电话，说妻子要生产了，让他赶紧回家看看。

李岩一接到电话，心就乱了，放下手头的工作立马赶回了家，经过一天的焦急等待，妻子在妇产室内疼痛的叫声，让本来就精力有限的李岩完全没有了工作的思路。等他再回到办公室忙碌的时候，只能草草地完成任务，连他自己都不知道自己做得什么。当这份蓝图交到老板手中的时候，老板勃然大怒："这么重要的策划，你居然做成这样？这个月的工资是不是不想拿了？你看看，这就是你的成果，给你三天时间，你拿回去重新改。"老板的批评，让李岩一整天都闷闷不乐。

于庆峰是李岩的同事，他的忌妒心很强，早就对李岩有看法了。这次正好有了机会，他讽刺李岩说："哎呦，李岩，你怎么这么马虎呢？枉费老板对你的器重啊，做事一点都不认真，还做设计？"听了于庆峰的话，李岩开始怀疑自己的能力，自己一个人躲到厕所"反省"自己，并偷偷流泪，决定不做这个策划了。既然李岩不做了，领导便就把任务交给于庆峰，于庆峰自然非常开心。但是，因为于庆峰能力有限，在策划过程中遇到了很多的难题，他必须去问李岩。但于庆峰讽刺的话语依然在李岩的耳边萦绕，他最后拒绝了于庆峰。于庆峰最后没有完成任务，被老板训斥了一番，李岩和于庆峰在老板心中的印象也因此变差了。

激励对于一个人来说是非常重要的，如果于庆峰能够在李岩遭受打击的时候，多一些激励和鼓舞，而不是一味打击和讽刺，那么，李岩也不会因此而失去自信，最后两个人在老板心中的地位都下降了。其实，在工作中，不去鼓励自己的同事，反而讽刺挖苦，这种行为既不利己，也不利人，团队的协调性和团结性都会遭到破坏。

无论在任何时候，团队的合作精神是不可少的。哪怕你的同事在某些项目上看似像你的对手，但是为公司创造收益是你们共同的目标，你需要学会激励同事一路同行。同事之间只有通过不断的赞美和激励，才能加深彼此间的感情，才能够在工作中相互帮助，共同进步，这样，我们才能做出更加出色的成绩。

当你与同事同时去完成一个任务的时候，更要学着激励同事。你的肯定很可能会成为同事巨大的动力，同时会使得你们的感情进一步增加；相反，如果两个人互相嘲讽，或者只会一起抱怨，那么，任何任务都难以更好地完成。拥有能够激励同事的优秀品质的人，胜于任何起内讧、打击同事的天才，学会与同事结成"兄弟式的友谊"，最终会让你拥有效率最高的工作交际圈。

6. 重视团队合作，不要"单兵作战"

> 罗伯特·伍德曾说："再强大的士兵都无法战胜敌人的围剿，但我们联合起来就可以战胜一切困难，就像行军蚁一样，把阳挡在眼前的一切障碍都消灭掉。"

一个军队，只有共同协作才能取得胜利的目标，一个企业，只有员工彼此协作才能取得上乘的业绩。职场中要重视彼此之间的团结和协作，切不可孤军奋战。一个喜欢在职场中表现个人英雄主义的人，是无法取得任何成绩的。一个人的力量是有限的，尤其是在当今这样的社会。任何一项事业都不可能由单个人完成，都需要团队的力量，团队由各种专长、各种层次、各种性格、各种特点的人组成，大家可以互补，共同进步。如果你是缺乏协作理念的人，就很难达成目标。

一个团队优秀与否，不在于人才的多少，也不在于人才水平的高低，而在于团队成员之间的相互协调、团结合作。我们都知道，每当蚂蚁遭遇毁灭性的森林大火或者难以逾越的洪水时，为了逃生，它们会迅速地抱成一团，滚动转移，冲出大火。因为它们知道，如果只靠自己的力量，大家就只有死路一条，所以，必须团结起来冲出大火的包围。虽然在转移逃生的过程中，最外面的一层蚂蚁往往会被大火烧死，但内层的蚂蚁却会安全地生存下来。蚂蚁就是靠这种团结互助的奉献精神，得以生存繁衍的。因此，在生活和工作中，我们应该学习并尽力表现出蚂蚁般精诚合作的精神，永远不要走单打独斗之路。

葛琳琳是一家科技公司的3D动漫设计师，公司里面有几个项目，分别被几个人承担下来，做好了一次能够赚到几十万。有了这样的诱惑，很多人都报名参加了。葛琳琳很有自己的想法，但是她又不想和其他的同事共享这个成果，于是她决定自己单独要一个项目，不和任何人合作，这样就可以不用和其他人平分成果了。

同事周宇和程然合作要了一个项目，两个人分别给对方说了自己的想法和方案，互相研究，取长补短。当这份3D游戏的背景和流程全部编写完后，在指定的日期，大家都纷纷交上了自己的作品。

几个月后，有一家赞助商打电话过来，点名要周宇和程然合作的那个游戏，而且这个游戏上市不久，就受到了网友们的热烈追捧。周宇和程然两个人都分到了丰厚的利润，还受到了公司老板的表扬。

葛琳琳的游戏做的创意很好，但是由于自己做的，并没人帮忙找出其中的缺点和不足，导致这款游戏新颖是有了，但是存在很多的弊端，在市场上根本无人问津。

单打独斗的结局很可能就是伤痕累累，一无所成。个体的力量是渺小的，有许多事情依靠个体的力量是难以达成的。一个人能够凭着自己的能力取得一定的成就，如果把自己的能力和别人的能力结合起来，就会取得出乎意料的成功。因此,作为个体,一定要善于运用他人的力量,努力与他人合作,把每个人的"心智"结合起来,形成一个更强大的"能量体",这样,就能够增大自己的力量,可以实现一个人办不到的事情。

7. 工作中不吃"独食",积极地与同事分享

> 美国海洋生物学家雷切尔·卡森说:"好咖啡要和朋友一起品尝,好机会也要和朋友一起分享。我们必须与其他生命共同分享我们的地球"。

在企业中,只有懂得分享的团队,才能是一个团结的团队,一个坚不可摧的团队,而且,分享还会使人变得更加快乐。

也许有些人有过这样的经历,当企业处于困境中时,员工们团结一心,众志成城,共渡难关,最终能够让企业起死回生,并且取得了一定的成绩。令人遗憾的是,最终却因为不能共同分享胜利的成果而出现裂痕。如果你是企业中的一员,你也不想自己的公司面临这样的状况,所以,你要培养自己的分享意识,无论你个人取得的成功和胜利有多大,只要是和同事共同完成的,你就不能够一个人独享胜利的果实,应该积极地与你的同事分享。要知道,成功是整个团队共同奋斗的结果,只有具有分享精神的员工,才能和同事们相互扶持,共同进步。

刁建科是一家大型文化公司的撰稿人,他的工作最近有了一些成绩。因为刁建科所属的公司有专门的策划、编辑、排版等职员,公司最近策划了一本新的选题,送到了策划编辑那罗列了书的整体框架,然后又被送到编辑那里添加具体内容,最后被送到刁建科的手中,进行润

色、加工。令人没有想到的是，这本书在刚刚上市就受到了读者们的强烈追捧，迅速火了起来。

因为这本书的最终定稿和出版都只记录刁建科一个人的名字，包括作者那个地方写的也只有他自己一人，所以很多电视台的记者邀请他参加采访。

刁建科在接受媒体的采访时说："这本书不是我一个人努力的结果，而是集体的智慧结晶。这本书从策划到编稿再到排版、印刷，参与进来的人，每个都是功臣。我今天之所以能够在这里接受电视台和媒体的采访，就是因为我想要告诉大家，每一次听到他人对我的赞美时，我的内心都会感到惶恐不安。我所取得的成绩都是和公司的同事们一起研究、一起努力的结果，还有出版社审稿和赞助商的支持。因此，荣誉属于参与其中的每个人，我只不过是幸运地作为代表，一次次地领取赞赏和喜爱。"

刁建科的成功的确是很多人共同努力的结果，之所以那么多人都愿意给他做陪衬，其中一个重要的原因就是刁建科具有分享的精神。刁建科把每一次成功都看成是集体努力的结果，是全体公司同事的胜利，尽管外界将荣誉的光环戴在了他的头上，但是他依然会把成功的喜悦与他的同事们分享，告诉所有人，那是我们共同取得胜利的结果。团队中的哪一个人不会愿意和他合作呢？

在现实的企业中，总有一些人，明明具备很好的能力，但是却从不轻易地将自己的思想、经验拿出来与人分享，就算他人来向自己请教，也只会顾左右而言他，或者每次都说自己只不过是侥幸，敷衍了事。这种重自我发展、轻团队合作的人是很难在团队中生存下去的，也不会取得什么大的成就。其实，无论是在工作还是生活中，每个人都需要别人的帮助和协作，只有这样，社会才会进步。因此，只要你懂得合作，把快乐的、美好的东西与人分享，你就会在收获胜利与成功之后，收获更大的满足和快乐，你也会成为团队中不可或缺的一分子。

年轻人一定要记住，再好的东西、再大的成就都不要吝啬，要拿出来与大家分享。分享之后，你就会发现，同事们是如此善良，团队是如此温暖，工作和生活原来是如此美好！只要你想，随时都可以分享。

8. 集全力于一点，才能射中"靶心"

> 30％的人永远不可能相信你。不要让你的同事为你干活，而让我们的同事为我们的目标干活，共同努力，团结在一个共同的目标下面，就要比团结在你一个企业家底下容易得多。所以首先要说服大家认同共同的理想，而不是让大家来为你干活。

人与人之间彼此合作的因素包含共同的目标，有了共同的目标，才有彼此之间的合作，才能"心往一处想，劲往一处使"。著名的巴顿将军曾经说过："每一次军事行动都要有清晰、明确和现实可行的目标。"为什么他如此强调目标，就是因为在职场中，团队中所有人的目标一致，才能提高工作效率，赢得职场上的胜利。法国现实主义作家罗曼·罗兰曾说："人生最可怕的事情，就是没有明确的目标。"这就犹如你在伸手不见五指一片漆黑的环境中，没有灯的照耀，只能凭借着感觉，一步步地摸索，寻找门的方向。

团队制定共同的目标对于成功来说尤为重要，目标的明确不仅仅能够帮助团队中的人合理安排工作，分清工作的轻重缓急。能够控制彼此的行为，让团队中的每个人都能朝着正确的轨道前进。有了目标的人生,才不会迷失方向;有了共同目标的团队,才会彼此团结。只有确定了同一个目标,所有的人都朝着这个目标努力,才不会出现乱成一团的现象。作为一个团队,要想更好地达成目标,就需要团队成员的团结,需要在利益和方向上达成一致。因为目标一致不仅对成员很重要,它更关乎一个团队的成败。因此,所有的团队成员都必须为了自己的团队朝着一个方向共同努力。

一群人参加爬山寻找宝藏的探险游戏,这群人被分成了三组,每一组都有一个向导。第一组人没有被告知需要找一个什么样的宝藏,也没有告诉基本路线,他们只需要跟着向导往前走就行了。走了四五公里,仍不见向导说目的地到了,也不知道所谓的宝藏到底是什么样的,每到一个小时,就会有人主动放弃。

第二组人跟着向导走,知道宝藏的样子,但是具体在哪个地方不清楚。他们边走边打听,过了多久,向导说目的地就在前面了,大家簇拥而至,可是向导继续说,就快到了,结果每个人都身心疲惫,情绪变得异常低落。

第三组人同样跟着向导,但是人手一份地图,并且对宝藏的样子十分了解,同时也知道宝藏在地图的哪个位置。他们边走边在地图上做标记,然后哼着歌,庆祝自己离宝藏越来越接近,大家一点都没有感觉到疲劳,反而情绪高涨,很快大家就都找到了宝藏的所在地。

为什么文中的第三组人能够很快地找到宝藏,而且不会感到累?因为第三组人有明确的目标,有共同的目的。目标一致的团队,可以让所有团队成员心向一处,共同努力,大家都能不计个人得失,为了团队拼搏到底,并且能在最短的时间内,以最快的速度高质量地完成任务,最后赢得团队的胜利。高效的团队需要有一个明确的目标,更需要一些为了达成这个目标而坚定不移、齐心协力,不惜付出一切代价的成员。有目标的成员更有力量，有目标的团队因为有了目标一致的成员，所以才能所向披靡，无往不胜。

9. 沟通是促进合作最有效的手段

> 前微软中国研发中心的总经理张湘辉说："就招聘员工而言，我们有一套很严格的标准，最主要的就是团队精神。如果一个人是天才，但是缺乏团队精神，这样的人我们不要。因为软件开发需要协调不同类型、不同性格的人员共同奋斗，缺乏合作精神的人很难成功。"

沟通是每一个职场中的人都要面临的问题，没有一个通畅的沟通就很难促成完美的合作，个人与团队不能合作，也就不会成功。每一个职场中的人都要把沟通作为应该学习的课程，提高自己的沟通技能。从团队的角度对待沟通，用沟通的方式联结团队，唯有如此，才能真正地把自己打造成一个沟通良好、具有团队精神，深得老板信任的好员工。团队之所以称之为团队，就是需要个体之间的互动，需要员工彼此之间不断地沟通交流，互换工作心得和解决问题的技巧。沟通是与人合作的开始，是具有团队精神的表现。

作为企业的一名优秀员工，必须是一名善于沟通的员工，只有这样，才能得到企业的重用，从而发挥自身最大的价值。沟通也是职场中必备的一种优秀品质，它在团队合作的过程中，起着疏导作用。团结就是力量，团结也离不开彼此之间的交流，否则也就不成其为团结。沟通是双方的事情，如果一方积极主动，另一方消极应对，沟通就不会成功。沟通不能成功，又如何继续团队之间的彼此合作呢？

有一家生活用品公司要招聘3名高级管理人员。经过公司的层层选拔，最终有9名优秀的应聘者从上百名应聘者中脱颖而出，进入由公司老总把关的最终考核。

考核的时候，老总看了这9个人的详细资料和初试复试成绩，露出了非常满意的表情。但是这一次的招聘只录取3个人，所以，必须对这9个人再进行一次考核，于是老总给大家出了最后一道考题。老总说："我们录取的人是用来开发市场的，所以，你们必须对市场考察具有敏锐的判断力。"然后，老总将这9个人随机分成了甲、乙、丙三组，并指派甲组的3个人去调查婴儿用品市场，乙组3个人调查妇女用品市场，丙组3个人调查老年人用品市场。

老总补充说："让大家调查这些行业，就是想看看大家对一个新行业的适应能力。希望每个小组的成员都能够全力以赴，争取3天后圆满完成任务。而且，为了避免大家盲目调查，我已经让秘书准备了一份相关的行业资料，一会儿走的时候，到秘书那各自领一份。"

3天的期限很快就到了，9个人都按时把自己的市场分析报告送到了老总的手里。老总看完后，走向了乙组的3个人，与他们握手之后说："恭喜3位，从今天开始，你们就正式成为本公司的员工了。"其他的6个人面面相觑，不解其中之意。老总呵呵一笑说："请大家互相看看我让秘书给你们的资料。"看完之后，大家终于明白了，原来每个人的资料都是不一样的。

老总接着说："乙组的3个人很聪明，互相借用彼此的资料，充实了自己的报告内容。而另外两组的成员却抛开了队友，各行其是，自己做自己的事。其实我出题的意图很简单，就是想看看大家的沟通交流能力以及团队的合作意识。甲组和丙组之所以失败，就是因为没有进行有效的沟通和不懂得合作，忽视了队友的力量、团队的力量。沟通和合作是公司壮大和发展的保障。"

职场中沟通是彼此合作的关键，沟通也要掌握一定的技巧和方法。沟通之前要先确立沟通的目的，掌握好沟通的时间，明确沟通的对象，只有这样才能够进行有效的沟通。在职场中，要尽快学会与人巧妙地沟通，不断培养自己的团结协作意识。每个人的发展道路上，都需要与人合作，在合作的过程中，彼此共同面临问题。

10. 真诚的合作源于彼此的信任

> 西点军校第一任校长乔纳森·威廉斯说："对团队伙伴的信任是团队赖以生存的条件，没有这种条件，团队就会完全萎靡不振。"

信任是取得团队胜利的基本保障，是一切与人沟通交流的首要条件，只有相互信任，才能将彼此的力量凝聚在一起，才能保证团队最强大的战斗力，并赢得职场中的胜利。对于一个长期运作，以求不断发展的企业来说，为了保持企业的竞争力，就需要员工之间彼此合作，团结一致。但是团结的前提就需要员工相互信任，并精诚合作，从而为企业的发展带来源源不竭的动力。

可以说，没有信任就没有合作，没有合作就没有团队精神，没有团队精神就意味着这个利益共同体迟早要被淘汰。所以，如果你要想成为一名成长在优秀团队中的优秀员工，就一定要信任你的合作伙伴，让信任之花永不凋零，你和你的团队就会逐渐走向卓越。

由于恰逢旅游旺季，旅行社一时间工作有些忙不过来。于是，旅行社的社长将本地导游分成了三组，外地导游分成了三组，分别带领游客完成旅行任务。半个月的旅行期间，外地的导游组并没有收到一个游客的投诉电话，但是本地导游组已经收到了5个投诉电话。旅行社的社长根据游客投诉的内容，分别召集了两组的导游组组长开会。

在大会上，社长问本地导游组的组长："为什么你们组的组员经常被投诉？"本地导游组的组长说："那些游客事太多了，总是不按照要求去做。"社长有些愤怒地说："顾客是上帝，人家旅游是为了欣赏美景、放松心情的。难道是来参加训练营的吗？"本地导游组的组长显得很不服气，但是没有再继续争辩什么。

社长问外地导游组组长："你们组的组员为什么能够给旅行社带来那么多的经济效益的呢？"外地导游组的组长说："我们组的组员彼此之间常有电话联系，有什么好的地方，比较能够吸引顾客的景色或者小吃，都会通知对方。这样游客也很乐意，导游们也不辛苦。"社长反过来问本地导游组的组长："你们组的组员彼此之间不联系吗？"本地导游组的组长说："他们各自之间都有对方的联系方式，但是很少联系，即便是联系了也很少相信对方，他们之间总是各有各的算计。"

听到本地导游组组长的话，社长很生气地说："一个团队，成员之间彼此缺乏最基本的信任，如何能够做好工作，彼此合作呢？你需要把你们组重新进行教育，培养员工之间彼此信任，团结合作的精神。"本地导游组的组长听到了社长的训话，很不好意思地低下了头。

在一个团队中，信任就是诚实、正直、不欺骗、不夸大，是团队赖以生存的重要条件。信任你的同事、你的战略伙伴，是一个人获得成功的关键。团队中的每个人各显其能，齐心协力，才能为团队做出贡献，才能取得最终的成功。所有事业的成功都是合作的结果，合作需要信任。一个人只有清晰地知道自己的需要，并且清楚地知道对方能够满足自己的需要时，信任才可能产生。

第七章

效率：心无旁骛，工作第一

效率是职场员工必须具备的优秀品质之一，一个人纵是能力再高，如果不能够提高自己的工作效率，依旧不能成为职场的佼佼者。在工作中，什么样的员工是最受老板喜欢的？当然是效率高的员工。他们能够在最短的时间内完成最多的工作，能够抓到工作中最重要的部分，主次分明，而不是瞎忙、乱忙，他们总是求完美，却总是能够在领导规定的时间内，高效率地完成工作。

当励志不再见效：
一流人才必备的 12 种特质

1. 拖延是"事业的绊脚石"

> 比尔·盖茨说过："过去，只有适者能够生存；今天，只有最快处理完事务的人能够生存。"

很多人都有拖延的毛病，有些人甚至喜欢把很多事情都积攒起来，到最后一刻一起完成，这就和很多人小时候写寒暑假作业是一个道理。放假 20 天，写 20 篇小楷和 20 篇作文。很多人的模式都是前 17 天疯狂地玩，最后 3 天才开始做这些作业，然后边写的时候还一边怪老师太狠了，留这么多作业。如果不拖延，按照要求一天一篇小楷，一天一篇作文，还是很好完成的。职场中的工作也是如此，很多人都喜欢把今天的工作推到明天，日积月累，本来能够轻松愉快完成的事情变成了堆积烦恼。

当一个人养成了拖延这种恶习的时候，成功也就渐渐远离他了。拖延是一种很难戒除的坏习惯。在职场中，避免拖延的方法就是"现在就做"，你在想要拖延的时候，立即告诉自己说："绝不能拖延，立即行动！"用这句话来提醒自己后，你就会发现很多工作其实都是很简单的。

小玲是一家公司的电话销售员，公司规定每天每个人打电话不能少于 150 个，起初工作还可以，渐渐地小玲觉得这样非常的令人厌烦，每天工作就是重复那些固定的话，然后记录顾客买的股票，到时间了还要通知顾客买股、投入等。有一个客户是公司的大客户，但是这个客户的脾气很不好。好多员工只要遇到这个客户，一天的心情都会受到影响。所以，本来应该早上就主动打电话联系这位客户了，但是小玲还是一直拖到中午。

经理过来问小玲:"玲子,黄忠波的电话你打了没?今天有大鱼,赶紧让他下午1点的时候下网,别忘了啊!"小玲听到了经理的话,很不高兴地说:"好吧,我知道了。"可小玲心想吃完中饭再打吧。于是,中午和大家一起吃饭,然后溜溜达达地往回走回到办公室一看,就剩25分钟就要到下午1点了。小玲极不耐烦地拨打了黄忠波的电话,结果发现对方的电话占线。她急忙跑到经理室说:"经理,黄忠波的电话占线。"经理听到后疑惑地问:"今天早上你没告诉他保持电话的畅通吗?"听到经理的问话,小玲支支吾吾地说不出话来。

经理十分愤怒地说:"要你早点打电话,却一直拖,现在联系不上了,知道着急了啊?一会儿总经理过来问,是你负责还是我负责啊?几百万的大客户,这钱你赔得起吗?"虽然经理的话很过分,但是小玲什么都没有反驳,只是觉得自己很委屈。但是毕竟自己也有错,而且自己什么也不能说。一想到自己因为拖延,影响了总经理几百万元的买卖,心里面就忐忑。

其实,在企业中,很多工作都是很简单的,一旦拖延下去,就会变成了另外一种性质。歌德说得好:"只有投入,思想才能燃烧。一旦开始,完成在即。"但是很多人在接到了自己的工作后,都是一拖再拖,借口说为要等到最佳的时机。其实,良好的条件是等不来的,工作中的事情很少有万事俱备的时候。你需要做的就是低下头,在特定的环境中,现有的条件下,把工作做到极致。只有行动起来才能创造有利条件,无限期地拖延,实际上是在放任自己不负责任。

在工作中,喜欢拖延的人往往意志薄弱,不敢面对现实,总是习惯于逃避困难,惧怕艰苦,缺乏约束自我的毅力。有的时候因为目标和想法太多,导致无从下手,缺乏应有的计划性和条理性。有的时候没有目标,甚至不知道应该确定什么样的目标。因为这些,导致拖延一直都不能及时改掉。其实,如果是喜欢的工作,任何人都不会拖延。但是被你拖延的工作,也许并不是因为整体工作让你感到不快乐,仅仅是因为你讨厌其中的一部分,既然是这样,你只要先把自己讨厌的那部分首先做好,你才能够改掉拖延的毛病,获得工作上的业绩。

2. 牢记"要事第一",给自己安排一个"优先表"

> 商业及电脑巨子罗斯·佩罗说:"凡是优秀卓越的、值得称道的东西,每时每刻都会用在刀刃上面,要不断地努力才能够保持刀刃的锋利。要卓有成效地办成一件事情,一定要首先确定事情的轻重缓急,这是把事情做好的第一步,接着还要付出更大的努力,因为事情不会自动办好。"

每一天都有一些事情等着你去处理,而且很多事情看起来显得十分紧急。每个人都陷入了事务性的圈子中,让忙忙碌碌的情景成为了自己的必然。但是实际的情况并不是如此的,其实一天所做的事情中,至少有80%是并不重要的。但是很多人不懂得合理规划时间,所以将这种危险的工作方法一直持续。一个优秀的员工会懂得根据工作的轻重缓急来做事,比如有一天,卢浮宫突然起了大火,而当时的条件只允许从宫内众多艺术珍品中抢救出一件,请问:你会选择哪一件?这个问题是巴黎一家杂志曾刊登过的一个竞答题目。在数以万计的读者来信中,一位年轻画家的答案被认为是最好的。他的选择是离门口最近的那一件。

其实你只需要仔细考虑一下,你就会发现这真的是最好的答案。因为卢浮宫内的收藏品每一件都是举世无双的瑰宝,与其浪费时间去选择，不如抓紧时间能够抢救一件是一件。其实这和你在企业中的工作是一个道理，如果你确定要完成一些工作，不要管哪一件是你最喜欢的，你最先要完成的不是最绚丽、最诱人的那一个，而是离你最近的那一个。干工作的时候，想要完成的工作很多，但是这些都是重要非做不可的事情吗？正所谓"追两兔而一兔不可得"。真正的高效能人士都是明白轻重缓急的道理的，他们在处理一年或一个月、一天的事情之前，总是按分清主次的办法来安排自己的时间。

年轻的艾维利是一家公司的部门经理，做事不太会权衡轻重。有一天，公司的业务员凯拉尔拉来了一笔生意，可部门经理艾维利正忙着布置办公室的各种摆设。他想先把手头的事情做完，再按部就班地处理这笔生意。结果，由于没及时处理，这笔生意泡汤了。

这件事被公司的总裁知道后，狠狠地训斥了艾维利一番，还扣除了他当月的奖金。艾维利很苦恼，不知道自己应该怎么办，这个时候总裁给他配备了一个聪明的秘书希瑞妮娜。希瑞妮娜给他呈递一天需要看的文件时，艾维利发现这些文件的文件夹上有各种颜色不同的标签。他问希瑞妮娜："这些是什么意思？看上去很漂亮哦！"希瑞妮娜说："这可不是为了装饰的，红色的代表特急，绿色的代表要立即批阅，橘色的代表这是今天必须注意的文件，黄色的则表示必须在一周内批阅的文件，白色的表示周末时须批阅的文件，黑色的则表示是必须由你签名的文件。请部门经理您根据这些标签的颜色来工作。"

听到希瑞妮娜的说法，艾维利很高兴。每一天工作起来再也没有那么忙碌了，而且无论什么时候，都不会影响到上级安排的工作，自己的办事效率也大大地提高了。

其实"要事第一"的原则还是时间管理的问题，把时间花在那些不是必须做的事情之上，你的工作效率就会降低。正确的做法则是找出最重要的一件事，然后去做，也就是说"重要的事先做"。很多人在工作中不分轻重缓急的事情去做，就很容易出现那种"到处救火"的感觉，被这种感觉控制之后，就很容易转而去做那些"紧急但不重要的事"了。一般在企业中，工作效率高的人，是那些对无足轻重的事情无动于衷，却对那些较重要的事情充满激情跃跃欲试的人。一个人如果过于努力想把所有事情都做好，他就不会把最重要的事做好。

工作是需要讲究章法的，绝不能眉毛胡子一把抓，要懂得分清事物的轻重缓急。在工作中，很多事情都是需要一步一步地做，要把事情做得有节奏、有条理，避免拖延。工作的一个基本原则是，要把最重要的事情放在第一位。能够抓住主要事物的人，效率总是最高的，在企业中，也是最受领导喜欢的。

3. 过于追求完美会导致低效率

> 做事情过于追求完美，往往会消耗一些不必要的精力，为了从99.9%跨越到理想中的100%，最终为的那0.1%付出多于正常标准很多倍的时间、精力等资源。其实，很多事情到最后的那0.1%最难获得，和前面根本不成比例，是得不偿失的。

生活在现实中的人们，总是对一件事物要求尽善尽美，因为这种过高的期望，总是给自己带来一些意外的创伤。其实追求完美并没有什么不好，因为追求完美是对自己的高标准、严要求，但是过于追求完美有的时候就会妨碍你的工作效率。古语有云："水至清则无鱼，人至察则无徒。"过于追求完美其实就是一种自我折磨，同时也是一种无为的苦责。有句话说:"希望越大,失望就越大。"这句话往往体现的是当事人在面对一件事的时候,给予这件事情过分的期望,过分地谨慎小心,反而容易出错。

在职场中,很多人为了追求工作上的完美,往往影响了自己的工作效率,到最后完不成工作,不仅交不了差,而且还会遭到老板的斥责。追求完美的人往往将自己累得筋疲力尽却没有追求到所谓的完美,其实,自己这样做是对自己的不负责,同时也是对外界的苛刻。完美只不过是人们心中的一种虚幻的思想,是一种永远无法达到的精神境界。哈佛大学的心理学家说:"追求完美,是人类自身在渐渐成长过程中的一种心理特点或者说一种天性。"人生中的很多烦恼都是由于我们过于追求完美而产生的。

瑶环是一个很优秀的女孩,但是做任何事情都是要求自己尽量做到完美。完美主义者的瑶环,做什么事情都是患得患失,总是觉得自己留有遗憾,很多事情都没有发挥到极致,为此她心里面感到很难过。

一次在公司举行的演讲比赛中,看着前面的同事都表现得落落大方、泰然自若,瑶环的内心里面开始纠结。她总是觉得自己一定要超越他们。当她上台的时候,她忽然间感到自己的脸有些痒,她皱了皱眉头,继续演讲。过了一会她伸手挠了一下,然后忽然间觉得自己在演讲中有这样的举动很不好,立即开始紧张起来,口越来越干,她的心开始剧烈地跳。想到之前那些同学的演讲都那么好,她就开始想自己的缺点,然后,她失去了演讲的勇气,终于无法再讲下去了。最后不仅没有完成自己的演讲,还惹来了很多人的嘲笑。

还有一次,公司要求每一位员工写一份自己的职业生涯规划,瑶环为了能够做出一个最好的职业生涯规划表,反复改了几十遍,最后交上去的时候才发现,自己有很多重要的工作都没有做完。职业生涯规划是每个人自己的职业规划设计，老板也不会根据这些规划分出好坏，瑶环实在是没有必要因为这件事而耽误了正经事。结果因为工作的积压，瑶环被老板狠狠地训斥了一通，还讽刺她说："职业生涯规划上还说自己每天一定按照公司的规定完成自己的工作，你现在哪一样完成了？你的职业规划是做给我这个老板看的吗？年轻人不脚踏实地，满口空话，真是不像话。"因为过于追求完美，瑶环经常受到领导的训斥。

生活中完美的事情并不存在，总会有这样或者那样的不如意。有人说："即使是狄更斯的小说也有不少矫情的地方，莎士比亚的戏剧里也有许多历史和地理上的错误。"但是当人们读到这些作品的时候，就没有人会过度在意这些缺点，因为这些作品的优点太显著了，以至于那些缺点已经不重要了。过于追求完美，最普遍的错误想法就是认为不完美便毫无价值。要知道，在这个世界上很多让我们难以忘怀的事情就是因为它不够完美，我们才记住了这种失望。

在职场中的年轻人，不要事事追求完美，效率是比能力更重要的品格，切不要因为过分追求完美，而让自己在工作中"丢了西瓜捡芝麻"。

4. 告别穷忙、瞎忙

> 软件工程专家汤姆·迪马可说："优秀的公司从来没有给我留下忙碌的印象。我所欣赏的团队从不给人哪怕一点儿忙碌的感觉。忙碌也会破坏了对于知识性工作来说非常重要的那种工作即享受的感觉。"

在工作中，重要的不是你做了什么，而是你在什么时间内做了什么。很多员工满足于"数量"而不是"质量"，其实，这是很可怕的事情。任何失去"质量"的堆积都是毫无意义的。工作中重要的是讲究方法和效率，不能一味地穷忙、瞎忙。要在有限的时间做到高效率的人，才是最优秀的员工。这种具备高效率的优秀员工，在职场中都有一个革新的观念，不让自己在工作中穷忙、瞎忙，因为忙碌不代表工作价值，很多人在大量的时间内，做的都是所谓的"垃圾工作"，对于自己的工作没有任何的帮助。

有人说，所有人都忙碌的企业并不是真正有效的企业，其实人也是一样的。在工作中需要管理好个人的工作时间，你需要知道什么事情是必须要做的，哪些事情不重要可以先不必做。一个具备效率这种优秀品质的员工会将时间的管理放到组织的层面，懂得在工作中，最重要的是判断工作的价值。绝大部分瞎忙的员工，工作量和工作的价值并不匹配，因为无价值的工作才会带来巨大的浪费。

刘静大学毕业后，顺利地进入一家著名的跨国公司。没过多久，刘静就被提拔为经理助理。为此，刘静的工作也做得更加起劲。她每天都能帮老板将工作安排得井井有条，和同事相处得也很好。

因此，很多大学同学经常会打电话向她请教一些关于工作上的事情。而刘静也很积极帮助他人出谋划策，帮他们解决很多工作上遇到的问题。但是这样一来，她就无法专注于自己的工作了，经理也批评过她说："你做这些虽然帮了同事、同学，甚至对提高公司其他人员的工作能力都起到了非常好的作用，可这些事对你来说毕竟都是无效的，这些无效的事迟早会误了公司和你自己的大事。"但是这些话在刘静的心中并没有起到什么作用，她每天依旧忙忙碌碌的，热心地做着很多她的"分外事"。

有一次，公司总部的老板打电话过来，结果刘静的电话一直处于占线状态，而这一次老板的电话是要找刘静的经理，有个重要的合同要与他协商。结果，老板一直等了半个多小时，才把电话打进来。了解到电话占线不是因为刘静的经理在洽谈别的生意，而是因为刘静接了一个电话，正在热心地帮助别人做那些无效的工作后，老板一句话没说就把电话挂了。

后来，有一天刘静正在修改一份公司的报告时，老板从总部发过来一份传真，上面写着：刘静的工作很努力，也很出色，但是她没有很清楚地认识到哪些事才是对她和对公司最有效的。我希望下次见到的不是她，而是一个能专注于有效工作的员工。刘静就这样被辞退了，同事们都感到很吃惊。这家公司后来在招聘时，特别的强调了这一项。

为什么在公司中一个异常忙碌、不断找各种事来做的人不能得到提升？因为他缺乏的不是对工作的热情，而是对工作价值的判断能力。如果一个人不能在有效的时间内去完成应该做的工作，而是忙碌了一些与工作无关的事情，即便他再忙碌都是没有任何意义的。而且从个人的角度看，如果一个人在工作中非常忙碌，他就没有时间学习、提升自己的能力和素质，从长远角度来看，也不利自身的发展。

在企业中，只有每个员工并不是那么忙碌，才能够一接到工作就立即去做，工作才能在最短的时间内完成。否则每一份工作都要搁置一会儿，工作就不能够顺利进入下一个流程。其实，在企业中，工作做得好不好，是要看它的结果，而不是看你有多忙。其中重要的一点就是，员工要知道怎样避免很多不必要的工作，把精力用在主要的工作上，而不是用在盲目的勤奋上。

5. 陷入"焦头烂额"时，你需要先理清思路

> 今天的工作今天做，明天的工作计划做，困难的工作想法做，重要的工作先去做，次要的工作穿插做，所有的工作认真做，别人的工作帮忙做，公司的工作抢着做。

在竞争日益激烈的现代社会，生活节奏变得越来越快，每个人活得越来越压抑，越来越没有自己的空间。很多人在工作中经常处于"焦头烂额"的状态，更有甚者已经让"焦头烂额"成为了工作生活的一种常态。一个终日被工作日程表所束缚的人，一定是一个工作效率低的人。虽然每天像模像样地在计划自己一天的工作，但是完全没有一点紧迫感。而且很多不需要忙碌的工作也被记录在备忘录上，虽然备忘录上显示的工作很紧凑，实际上这就是一种浪费工作黄金时间的表现。

在职场中，今天的工作今天做，明天的工作也要在今天计划着做。不要把所有的工作都挤在一天，尤其是一些根本就无关紧要的事情。另外，将自己的日程表记上你必须要做的事情，而不是要每天都挤满，这种不能分出工作轻重缓急的方法，永远都是阻碍工作效率的大敌。

优秀的员工能够细化和量化自己的工作，懂得重要的工作先去做，次要的工作穿插做。当你在工作中发现自己的生活重心已经被工作占满，几乎没有独立思考的时间，你就需要将一些没有划分和安排好的工作重新理出头绪。不要认为这样是浪费时间，你要懂得一个道理，那就是"磨刀不误砍柴工"。很多工作中的人看似忙碌，实际上在做着费力不讨好的无用功。

当励志不再见效：
一流人才必备的12种特质

艾琳娜·吉尔伯特是美国一家栏目策划的专栏作家，作为一个投资人和一个地产投资顾问，她每天忙得焦头烂额。在努力奋斗了十几年后，她坐在自己的办公桌前，呆呆地望着写满密密麻麻事宜的日程安排表。突然，她意识到自己对眼前这张令人发疯的日程表再也无法忍受下去了。她疯狂地撕毁这张日程表，然后夺门而出。关上手机，处于无人能够联系的状态，一个人躲在健身房疯狂地做起了运动。

她一边跑着，一边想着自己的工作。因为忙碌的生活已经几乎夺走了她独立思考的时间，自己的生活变得太复杂了。试着回想，工作安排，她发现有很多没有必要的或者说是次要的工作占据了生活的70%，比如吃饭预约、预售杂志、信用卡抽奖、剪彩等工作。

她觉得太多乱七八糟的东西来塞满自己清醒的每一分钟了，这简直就是一种疯狂愚蠢的生活。她做出了一个大胆的决定，全部清空那些无谓的忙碌，多给心灵一些时间。她回到办公室，取消了所有预约电话，停止了预定的杂志，并把自己没有兴趣读的杂志统统清理，注销一些信用卡，每天有一些必须完成的稿件，还有一些必须做的工作，其他次要的工作都在业余的时间去做，这样，她工作的思路也清晰了好多。

今天的工作今天做，体现了高度的执行力。日清日结，工作绝不拖延。明天的工作计划做，计划工作，并在计划的行动中进行修正。困难的工作想法做，需要注意方法，这些是解决问题的关键。重要的工作先去做，次要的工作穿插做，就要细化和量化自己的工作，合理安排工作时间，将工作分为：重要和次要、紧急和非紧急四个级别，进行管理。

所有的工作认真做，体现了一种工作态度，因为态度决定一切，从心态到态度，再到习惯、性格、命运、人生的良性循环。别人的工作帮忙做，体现了团队的重要性，要具备团队与合作精神。同事的事能合力帮助的应该协助帮忙。公司的工作抢着做，一种主动积极的心态，一个

"抢"字已经很好地形容了现在的紧迫性，市场需要抢时间不等人。

6. 严格履行工作流程，是效率的保障

> 严格履行工作流程，是顺利完成工作目标的基本要求。如果每个员工都能严格遵守相关制度，企业就会形成一种良好的价值观和企业文化。

在现代的企业中，优秀的员工就是那种能够认真遵守公司的每一项规章制度的人。俗话说："没有规矩，不成方圆。"公司的规章制度是为了实现企业战略目标的重要手段，也是每一位员工必须要遵守的准则。能够在接到任务之后马上执行的员工其实并不多，很多人在接到任务的时候，往往有习惯拖延的毛病，有的员工甚至并不能做到服从指挥。其实，对于一个员工来说，无论你的能力有多强，如果你不能落实手头上的工作，那么你就无法进行下一步工作，也很难在竞争激烈的职场中做出一番成就来。

什么是高效的工作，就是员工能够遵循公司的制度，依照程序流程做事。很多员工在接受到一项任务时，或许也想马上将工作完成，但是尴尬的是却不知道如何进行。但是如果公司里面有工作的流程，他便能够快速地理清工作的思路，使得工作更加的顺畅。只有这样，强大的执行力才能展现出来，工作的效率才能得到提高。公司的工作流程就是明确个人的责任，严格履行工作流程，只有这样，每个人才能够少走弯路，不耽误工夫。

兴盛科技公司前不久刚刚辞退了设计部的主管，照理来说，辞退一个主管一定是主管的能力不足，但是兴盛科技公司却是因为设计部的主

管小茂没有按照公司的规章制度办事。

公司要求，设计部的人员需要先接受考察部的消息报告和策划之后，才能够按照指示设计图纸和模型，很显然，小茂并没有在意这句话的分量和重要性。前不久，社会上流行一种名为"三国杀"的网络游戏，为了能够推出一款新的游戏，考察部首先是在市场上确定，采取网络和其他方式的投票等方式，应社会的需求，创造一款新的游戏。但是调查并没有完成的时候，设计部的职员小李自己在家设计了一款新的游戏，类似于"复仇者联盟"。

设计部的主管小茂觉得小李这款游戏非常有创意，觉得市场前景应该会不错。于是，就动员设计部全体职工全力设计这款游戏。结果考察部调查的结果和小李设计的这款游戏并不一样，要求设计部必须严格按照考察部的调查结果来，小茂身为主管并没有理会。由于小茂没有按照公司的流程来办事，导致考察部的调查员白白浪费了一个月的时间考察，还花费了大量的人力、物力，而自己私自设计的游戏并没有通过版权检验。

对于员工来说，严格履行工作流程，是顺利完成工作目标的基本要求。严格履行工作流程，不仅是员工把工作落实到实处、高效完成工作的最有效的方式，还是不断提升自己能力的最有效方法。一个员工要想最快最好地完成工作，就必须要按照一定的流程。如果每个员工都忠实于制度、忠实于流程，企业就会形成一种良好的价值观和企业文化。在这样的企业中工作，每个人都能拥有良好的工作心态，与此同时，也会让自己的工作能力迅速地得到提升。

7. 聪明的"懒汉"胜于忙碌的"工蜂"

> 培根说:"如果说金钱是商品的价值尺度,那么时间就是效率的价值尺度。因此对于一个办事缺乏效率者,必将为此付出高昂代价。"

职场中,要努力地工作,更要聪明地工作。职场中业绩是结果导向,工作中留下多少汗水不是重要的,重要的是你能够运用最短的时间,完成于他人同等的工作,这就是"效率"。管理学上的"二八法则",即意大利经济学家帕累托所提出的80/20法则,要把80%的时间花在能出关键效益的20%的工作上,这是高效员工的必备法则,掌握了法则,工作效率就会大大地提高。提高了工作效率,工作的业绩才会显著,你才能够胜在职场。

有些人在工作中表现的并不是很忙碌,他们能够轻轻松松完成自己的工作,这主要是由于工作效率高的原因。如何能够提高工作效率,你可以运用时间管理ABC法。所谓时间管理ABC法,即以工作的重要程度为依据,将待办工作按照轻重缓急划分为A、B、C三个等级,然后决定工作开展的先后顺序的一种统筹办事的重要方法。

一般来说,A级工作是与工作目标相关的关键工作,如大客户的约见,重要文件的签定,以及能带来领先优势或成功的机会;需要处理但又不要求立刻完成的,诸如各种规章制度的完善、售后服务等工作为中等价值的B级工作;那些不必要的应酬、关系不大的会议和一般性质的信件、聊天等,对工作目标影响不大,可将其划为C级工作。

总体来说,ABC三级工作在工作总量中所占的时间分配是这样的:

A级工作是必须在短期内完成，需要立刻行动起来去做；A级工作完成后，转入做B级工作。如果时间紧张，可以适当地推迟B级工作期限，也可以考虑授权给别人处理；对于C级工作，无论你多么感兴趣，都要尽量少在上面花费时间，或者将其安排在效率最低的时候进行。比如，有些会议内容与自己的工作没有什么关系，你大可用此时间看一些与自己主要工作有关的材料，或者考虑与自己主要工作有关的问题。

利用ABC时间管理法去平衡你的时间，虽然方法看起来很麻烦，但根据事情的轻重缓急来决定工作顺序，可以避免你被工作牵着鼻子走。因为它能使你充分发挥主观能动性并很好地驾驭好你的工作，是非常重要的提高工作效率的手段。

维克特是纽约一家宾馆的主人，他以"懒惰"著称。凡是他能够吩咐给手下干的事，他自己坚决不去亲自做。宾馆业务虽然很繁忙，但是他却整天悠闲自在。

今年的圣诞，他让全体员工分别评选出10名最勤快和10名最懒惰的员工。评选完之后，维克特将这10名最懒惰的员工叫到了他的办公室。这些员工都为此而忐忑不安，以为维克特老板要炒他们的鱿鱼。可是，令他们没有想到的是，一进门，维克特就说："恭喜各位被评为本宾馆最优秀的员工。"

听到维克特的话，这10名员工面面相觑。维克特微笑着解释说："根据我的观察，你们的'懒'突出表现在总是一次性就把餐具送到餐桌上，一次就把客人的房间收拾干净，一次就把工作干完，因而在别人的眼里，你们每天大部分时间闲着，无所事事。依我看，最优秀的员工无一例外，都是'懒汉'，'懒'得连一个多余的动作都懒得去做。而最勤快的员工的'勤'，大多表现的整天忙忙碌碌，不在乎把力气都花在多余的动作上，做一件事不在乎往来多少趟，花多少时间，如此能有效率吗？"

听到了老板维克特的解释，大家都忽然明白了。工作中追求的是用最短的时间做最好的工作，而不是在于流了多少汗水。

也许很多人都会觉得维克特的行为非常不可思议，但是这并不奇怪。因为你还没有弄懂工作中追求的是什么。竞争是残酷无情的，不论你曾经付出了多少汗水、多少努力，因为你拿不出业绩，老板就会觉得付给你薪水纯属浪费金钱。很多做事高效的人不会只知道一味地做事情，而是懂得把有限的时间放在最重要的事情上，而其他的小问题则会先暂时放在一边，或交由他人处理，从而利用有限的时间创造出最大的业绩。

第八章

责任：绝对没有借口，保证完成任务

一个人的责任心和责任感有多强，他的工作就有多出色。在职场中，你应该明白一个道理，拥有责任心会让你的事业步步高升，而失掉了责任心，你的工作就会一落千丈。任何一个企业的老总都十分清楚，一个拥有责任心的员工对于企业的重要性。员工因为有了责任感，才能更好地完成自己的工作，才能让自己全身心地投入工作。只有责任感和能力共有的人，才是企业和公司发展最需要的人。拥有责任感的人，不会给自己的失败找借口，更不会因为忽视小事情而导致大的失败。他们懂得在工作中无小事，任何事情都必须做到最好。有责任感的人不会把"问题的皮球"踢给别人，他们知道该是自己承担的时候，绝对不会退缩。

1. 你可以没能力，但不能没责任心

> 只有真正聪明的人才能够看到：责任等于机会。责任的正面是压力重重，但责任的背面则是机会多多。当你认清楚了责任的本质，就是机会光临的时候，你就会感到多承担责任是一件非常值得和快乐的事情，就会主动寻找责任。

有这样一个经典的故事：

工作多年的老木匠有一天向老板告知，他要退休，回家与妻子儿女享受天伦之乐。老板问他，是否在临走前能够帮忙再建一座房子，老木匠答应了。这时候老木匠在想，反正这是最后一座房子了，以后也不用对它的质量负责了。于是，就在建造的过程中心不在焉，房子的很多地方建得很是粗糙。当房子建好的时候，老板便把大门的钥匙给他了，并对他说："这是你的房子，是我送给你的退休礼物。"这时，木匠顿时惊得目瞪口呆，羞愧得无地自容。

如果老木匠早知道是给自己建房子，他怎么会这样呢？因为他的不负责任，最终只能住在一幢粗制滥造的房子里了。因此，责任心是一种善始善终的精神和态度，没有这种精神和态度，只会给人留下"虎头蛇尾"的印象。

在职场中，你可以没有能力，但一定不能没有责任心。如果说，机灵和踏实像金子一样珍贵的话，那还有一样东西更为珍贵，那便是责任心。一位伟人说过，人生所有履历都必须排在勇于负责的精神之后。很多时候，职场的机会就存在于责任中。也就是说，如果你缺乏责任心，

就等于丧失了机会。

万塞尼和班杰明都是一家快递公司的快递员,他们俩是工作搭档,工作一直很认真,也很尽心尽力,老板对这两名员工很是满意,然而后来发生的一件事情却改变了两人的命运。

一次,万塞尼和班杰明负责把一件极重的玻璃饰品送到码头,老板一再叮嘱他们路上要小心,没想到送货车开到半路却抛锚了。如果不按规定时间送到,他们要被扣掉半个月的奖金。于是,万塞尼和班杰明两人抬着那件饰品,一路小跑,终于在规定时间赶到了码头。

这时,万塞尼说:"我来背吧,你去叫货主。"他心中暗想:"如果客户看到我背着邮件,把这件事情告诉老板,说不定老板会给我加薪呢。"他只顾打着自己的小算盘,当万塞尼把邮包递给他的时间,他一下没接住,邮包掉在地上,"哗啦"一声,饰品碎了。"你怎么搞的,我没接你就放手。"万塞尼喊,"你明明伸出手了,我递给你,你却没接住啊。"万塞尼解释道。

他们都知道这件极为昂贵的饰品打碎意味着什么,没了工作不说,可能还要加倍赔偿,自己会因此背上沉重的债务。果然,老板对他俩进行了十分严厉的批评。

"老板,不是我的错,是班杰明不小心摔碎的。"万塞尼趁班杰明不注意,偷偷跑到老板办公室对老板说。老板听了,平静地说:"谢谢你,万塞尼,我知道了。"老板把班杰明叫到了办公室。班杰明把事情的经过告诉了老板,最后说:"这件事情是我的错,我愿意承担错误。另外,万塞尼的家境不好,他的责任我也愿意承担。我一定会弥补我们所造成的损失。"万塞尼和班杰明一直等待着处理结果。

第二天,老板就把他们叫到了办公室,对他们说:"公司一直对你俩很器重,想从你们两个人中选择一个担任客户部经理,没想到出了这样一件事。不过也好，这会让我们更清楚哪一个是合适的人选。我们决定请班杰明担任公司的客户部经理，因为，一个能勇于承担责任的人是最值得信任的。万塞尼，从明天开始你不用来上班了。""老板，为什么？"万塞尼不解地问。"其实，饰品的主人已经看到了你们俩在递物品时的动作，他跟我说了他看见的情况，还有，我看见了问题出现后你们两个人的反应。"老板最后这样说道。

职场中，一个老板可以容忍一个无能力的职员，但绝对无法容忍一个不负责任的员工。一位社会学家说，如果你放弃了责任，就意味着你放弃了自身在这个社会中更好地生存的机会。同样地，如果你放弃了自己对工作的责任，也就意味着你放弃了单位里更好发展的机会。一个缺乏责任心的人，任何工作都难做好，也永远难以获得成功。因此，当你觉得自己缺乏机会，或者职业道路不顺时，不要一味地悲观抱怨，而是应该问问自己是否承担了工作该承担的责任。

何为责任？一位写代码的职员一连工作十几年，对工作从来都是细致、认真，从来没有出过任何错误，这就是责任；一位在主人家待了十几年的保姆，她第一次向主人请假一周。主人回到家后发现她给厨房的垃圾桶认真地套上了七层垃圾袋，这就责任；一位珠宝店的销售人员始终如一地热情地对待顾客，哪怕对面来的是一位衣衫拦褴褛的大妈，他也会热情地示以微笑，仔细地给他介绍产品，这就是责任……正直的责任是全身心地能投入自己的工作，专注于自己的职责领域，无关这工作是写代码还是扫大街。不为任何人，自己就是最大的理由，不苟且、不应付、不推诿，把自己正在做的事情当作与世界呼吸吐纳的接口。这就是责任的来处！

2. 借口越圆满，成功离你越远

> 借口是制造失败的根源，一个人越是成功，越不会找借口。99%的失败都是因为人们惯于找寻借口。

最佳的员工总是以饱满的热情、以最佳的精神状态应对，保证自己认真并努力完成自己的工作。但是工作中，我们也总是能够遇到另外的一种员工，在还没有进行工作的时候，就已经给自己找好了失败的借口。找借口的目的只是为自己不积极地面对工作而失败的准备。曾有专家认为，一旦形成了这种在工作中寻找借口的习惯，将会让你的工作变得拖沓而没有效率，会让你变得消极而一事无成。习惯找借口的人，从来都不会审视自己，只知道抱怨自己的公司，抱怨自己的同事没有好好配合自己。

其实我们无论做什么事情，都要记住自己的责任，无论在什么工作岗位上，都要对自己的工作负责，不要用任何借口来为自己开脱或搪塞。完美的执行是不需要任何借口的。如果我们不是仅仅把工作当成一份获得薪水的职业，而是把工作当成是用生命去做的事情，我们就可能获得自己所期望的成功。借口时间久了就会成为顺理成章的事情，成为推诿与迟延的理由，很多人都是在以种种借口欺骗公司、欺骗别人、欺骗自己中在工作。慢慢地，这些借口就悄悄磨灭拿走了自己的斗志，夺走了自己的机会。

借口是推卸责任的表现，也是转嫁责任的行为。找个借口来安慰自己，固然能让自己轻松一些、舒服一些，但同时会因为抱怨和找借口而懒于行动，最终凡事都做不好，什么事做不成功。借口就是一张敷衍别人、原谅自己的挡箭牌，就是一副掩饰弱点、推卸责任的万能器。有多少人把宝贵的时间和精力放在了如何寻找一个合适的借口上，而忘记了自己的职责和责任。

小张是一家私立学校的语文老师，平时喜欢上网打游戏，白天上课，晚上回家要批改作业，四个班学生的作业本堆在一起有将近100本，第二天上课的时候要发给孩子，所以每一次批改完作业都到了大半夜，为了保证第二天上班的质量，游戏就玩不成了，只能乖乖地去睡觉。

时间久了，这种压抑的生活让小张有些无法忍受，于是他开始给学生留很少的作业，有的时候甚至不留作业。这样他的工作就轻松多了，每天下班回家吃过饭后，就可以玩游戏了。但是有一次，他不给学生留家庭作业这件事被校长知道了，校长找到小张，给他提出了严厉的批评，并对他说："孩子的家庭作业是为了巩固旧知识的，同时也是为了检验学生是不是真的听懂了你讲的课。现在你不给孩子留作业，回家以后就是玩，本来小孩子的自我约束力就很差，你怎么让他自发性地巩固学过的知识呢？"听了校长的话，小张狡辩道："有的时候家庭作业对于孩子来说就是负担，现在教育部都在说给孩子减负，我们却要给孩子负负得正。"

校长很生气地说："减负不等于不留家庭作业。"小张什么都没有说，回到办公室里面，又想到了对付校长的办法。他每天只给孩子留一点作业，一小会儿就批改完毕。校长检查作业的时候很生气，但是没有当面和小张说，而是举行了一个会议说："下个月每个教师开始考勤，检查教学能力，以班级孩子的成绩为依据，排在后三名的老师将被扣掉一个月的工资，两次都排在后三名，你就可以回家了。"

考核结果小张班上的成绩果然排在了最后一名。同事王老师排在了倒数第二名，在大会上，他主动承认错误，是自己平时的疏忽和教学方法有问题了，从第二天起，去一些优秀老师的班级听课，争取下次一定赶上来，耽误了自己不要紧，要负起责任，不能耽误了孩子的学习。而小张则说："我觉得这一次的题对于我们班的孩子都偏难，有点超纲。"听到他的话，同事们都唏嘘不已。校长说："我看游戏对于小明老师来说就不超纲。"说完这句话的时候，小张的脸红了。

其实，在每一个借口的背后，都隐藏着丰富的潜台词，只是我们不好说出来，甚至我们根本就不愿意说出来。有多少人把宝贵的时间和精力都放在了如何找一个合适的借口上，而忘记了自己的职责和责任。在工作中，很多人都被自己的借口包围了。不仅习惯了常说这些"借口"，而且也习惯了别人向我们用"借口"来解释。比如上班迟到了就是因为堵车，工作没有做好就是说自己没有经过这方面的培训。在工作中，老板欣赏的是想尽办法去完成任务的员工，而不是那种寻找任何借口的员工。

3. 得不到机会，要先从自己身上找原因

> 人最难的是面对真实的自己，面对自己的差距时，很多人总是像鸵鸟，把头深深地埋下去，假装看不到外面的世界。

"老板有点可恶，他就是不重用我！""老板真不是东西，就是不给我机会！""老板真的不懂识人，像我这么有才华的不重用，却去重用能力平平的！""老板简直太苛刻了，天天要求我做这个做那个！"……职

场中，我们经常会听到类似的抱怨，这些员工总是习惯把自己失败的责任推到老板身上，却从来不去反思自己。这是职场中的多数人，他们愿意"什么事都不做，但是老板却能天天给自己加工资"，总是抱着"不劳而获"的心态对待工作，难免会经常推卸责任，所以，也只能沦为平庸之人。

在职场上，还有约2%的人，很懂得去反思自我，这2%的人最终会成为职场精英，拿着高额的年薪，这些人都在反思什么呢？诸如"老板为何不重用我？我哪里没有做好？我的哪个工作环节做得还不够完美？老板为何偏偏把机会留给别人，而不愿意考虑我呢？老板要求的，我为何总做不到呢？老板总是对我提这样那样的要求，我为何不能积极主动呢？……"这样的优秀者总是很清楚这样一个道理：老板聘我是来做事的，他手中握着的机会，总是要放出来的。至于机会给谁，肯定有他自己的判断，而不会胡乱地给，也不会仅凭个人感情来给。得不到老板的器重，原因肯定不在老板身上，而在自己身上，要么是你自己根本没能力，做不了事情，老板把机会交给你，他不放心；要么就是你虽然有本事，但却没能展示出来，老板对你没有信心。所以，你得不到机会，根本是怪不到老板头上的。既然怪不着老板，那就要先做好自己，而做好自己的前提就是要懂得反思自己。

无论在职场上还是在生活中，一个懂得时刻反思自己的人，就是无敌的。一个人要成就大事，先要懂得从自己身上找问题。要知道，会责怪人的责怪自己，不会责怪的人总是会责怪别人。

有这样一个故事：

在美国军队中，一次，一名军官到下属部队去视察并看望士兵。在军营中，这位军官看到一位士兵戴的帽子很大，大得都快把眼睛都给遮住了。于是，他走过去问这个士兵："你的帽子为什么会这么大？"这位士兵马上立正并大声说:"报告长官,不是我的帽子太大,而是因为我的头太小了。"军官听了忍不住大笑起来,并说道:"头太小,不就是帽子太大吗?"士兵马上又说:"一个军人,如果遇到点什么,应该先从自己身上找原因,而不是从别的方面找问题。"军官点点头,似有所悟。几年后,这位士兵成长为一位伟大的将军。

职场中,如果每位员工,都能像这位士兵那样,首先从自己身上找原因,哪会有做不好的工作呢?哪会有时间去埋怨老板呢?他们只会充满激情地埋头苦干。在你满怀激情工作时,你的上司、老板,都会看在眼里的。当他们经过观察和考察,认证了你的能力,觉得你是一个值得重用的人时,他们一定会把机会给你的;相反地,如果你只懂得抱怨,遇到问题只懂得推卸责任,那么,机会一定会绕着你走。

一家公司刚搞完一次元旦促销活动,效果不是很理想。于是,老总开会,让管理层分析原因。

市场部老板说:"元旦促销不理想,我们也有责任,主要是我们的新产品开发速度太慢,研发部门难辞其咎。"

研发部老总说:"我们推出的新产品少,那是因为财务部给的预算太少了,我们的设计师都没钱去德国参加科技展览会。更何况,没有钱,员工怎么能研发新产品呢?"

财务部老总说:"我们的预算太少了,原因是公司今年产品的成本迅速攀升,销量也直线下滑。各个部门都要销减预算成本,我们也是响应老板的号召啊!"

老板看了三个部门老总,淡淡地说:"看来,这是我的责任了。"

不久,这三位员工都被老板炒了鱿鱼。

一个人,在其位而不谋其政,做什么事,都找借口,不敢于承担责任,这样的人不能胜任工作,不仅不能得到提拔,还可能会被扫地出门。一个人是否懂得认真反思自我,是其是否愿意承担责任的前提。所以,在任何时候都不要抱怨机会不垂青于你,老板对你有偏见,而是要静下心去反思自己的行为,你是否对工作尽职尽责了,是否把工作做得完美无缺了,是否去反思老板为何不够看重你了……等你静下心去仔细反思自我的时候,就能发现大多数时候问题都是出在自己身上。要想在职场有一个好的前途,这是第一步,也是最重要的一步。

4. 主动承担错误,拿起"问题皮球"

> 凯文机器公司董事长保罗·查莱普曾说:"我警告我们公司的每一个人,假如有人说那不是他的错,那是同事的责任,如果被我听到的话,我一定开除他,因为这么说话的人明显是对我们公司没有足够的兴趣,如果你愿意站在那儿眼睁睁地看着一个醉鬼坐进车子里去开车,或者没有穿救生衣的小孩单独在码头玩耍,我绝不允许我的员工这样做,你必须去保护那个小孩才行。"

社会学家戴维斯说:"自己放弃了对社会的责任,就意味着放弃了自身在这个社会中更好生存的机会。"同样,如果一个员工放弃了对公司的责任,也就放弃了在公司中获得更好发展的机会。在工作中,放弃了责任就相当于放弃了成功。

在现实生活中,每个人都有着自己的社会责任和家庭责任,而在企业中,每个人也都有着自己应负的责任。每一个人都扮演了不同的角色,也承担了不同的责任。其实,从某种意义上来说,每个人完成自己角色的饰演,也是对责任的完成。坚守责任是每一个人都应该完成的义务。承担责任是不分大小的，只论需要。如果有需要承担责任的时候，不应该是相互推脱和职责，挑起自己应该承担的那部分责任，尽量去弥补，把损失降到最低。

小李是一家公司负责过磅的称重人员，公司的计量工具前一段时间出现了点小问题，小李并没有采取行动，而是认为修理的事情不归自己管。

一天，业务部李元看到计量工具不准，于是自己动手修好了它。这个计量工具和李元没有任何的关系，因为李元既不负责承重，也不负责修理维护，他完全可以睁一只眼闭一只眼，反正也不会对他的工资造成影响。但是他并没有听之任之、不管不问，而是本着对公司负责的态度，修好了计量工具。

一个没有责任感的员工绝对不会是优秀的员工。在企业中发生了事情的时候，优秀的员工会主动站出来揽起责任，而有些人则会躲在一边推卸责任。如果你在企业中没有责任感，你将永远是老板冷落的普通员工。没有承担责任的人，是不可能被赋予更多的使命的。在企业中，责任感能够帮助一些有责任的人获得更多的展示自己的机会，获得更多人的信任与尊重。如果在企业中，你想成为一名优秀的员工，你就需要像老板那样去承担责任。

在职场中，一个人所承担的责任越大，证明他的价值就越大。任何一家企业的老板都不会将一些重要的任务和职位交给一个没有责任感的人。如果你现在在公司里面承担着重要的工作任务，你应该为自己感到自豪。一个人想证明自己最好的方式就是勇于承担责任，如果你能担当起来，不仅向自己证明了自己存在的价值，你还向老板证明你能行，你很出色。责任感对于一些优秀的员工而言，并不是一种沉重的压力，而是一种幸福和享受。因为这证明着对于企业的老板而言，自己是真正可

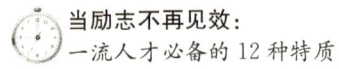

以让他放心的员工。

5. 没有做不好的工作，只有不负责任的员工

> 爱默生说："责任具有至高无上的价值，它是一种伟大的品格，在所有价值中它处于最高的位置。"

在工作中，没有做不好的工作，只有不负责任的、不努力工作人。因为一个人的责任感承载着这个人的能力，有责任感的人接到了一份工作之后，首先想到的就是我一定要做好它。在职场中，只有那些具有责任感的人才有机会充分展现自己的能力，才能够将工作做到最佳的状态，这种员工都是具备强烈的责任意识。一个不负责任的人，一个缺乏责任感的员工，在工作中永远都缺乏主动和热情，似乎工作做好与否与他无关。

一个有责任心的员工，一定是一个敬业、主动、忠诚的人，因为在责任感的驱使下，他们总是积极地挖掘自己的潜能，让自己充满激情地勤奋工作。在任何一家公司，只要你努力工作，认真、负责地对待每一件事情，你就会受到重用。大多数的工作并不是人的能力不够而没能按时完成，而是人们缺乏责任心造成的。对于一个员工来说，责任就是最基本的职业精神，是一个人做事的基本准则。没有责任感的员工不是好员工，工作好坏很大程度取决于个人的责任心，一旦踏上了一个岗位，便是选择了一份责任，拥有了一份使命。

一名公交车女司机在驾车运输乘客时突然发病，当时车上有三四十名乘客，若司机犯病后公交车失去控制，后果将不堪设想，会危及到每一名乘客的安危以及路人。女司机觉得身体不适,下车吐了一会儿,上车打算把乘客送到终点站,然后去医院检查,没想到开出一段距离,就坚持不下去了。当时正值下班时间,大家都着急回家,女司机便在双脚无力踩刹车停车的情况下,用尽全身力气将手刹车拉起,尽最大努力将车平稳停在路边,保证了全车乘客的安全,但她却昏倒在方向盘上。

有乘客回忆说:"司机脸色很白,捂着胸口,趴在方向盘上。""可能是心脏病犯了,这样窝着不好,大家快把她抬到了车下。"有乘客提出这样的倡议。于是,几名乘客上前,将女司机抬到路边的草坪上,让其平躺着。有人拨打120,一位乘客是医院的工作人员,懂得一些急救常识,为女司机做紧急抢救。还有乘客去找来附近的交警,交警得知情况后,立刻开车去附近的医院联系到医生。

很多人也许并不能深刻的理解什么才是真正的责任,但是女司机的此种壮举就是富有责任的表现。因为她具有强烈的职业感和责任感,得到了所有人的赞许,同时也得到了大家的帮助和认同。女司机在身体不适的时候想到的不是自身安危,而是全车乘客的乘车安全,这点不得不让人敬佩。一个人的工作做的好坏,最关键的一点就在于有没有责任感,也许女司机不是公交司机中开车技术最好的,但是却是最富有责任的,所以她在所有公交司机中脱颖而出,得到了大家的赞许。

在这个世界上,每个人都扮演者不同的角色,每个角色都承担着不同的责任,在家庭中,责任让家庭充满了爱的关怀;在企业中,因为有责任才有了凝聚力和战斗力,有了这些才能拥有竞争力,一个企业才能在剧烈的竞争中屹立不倒。责任决定成败,对于一个员工来说,责任心是他一辈子中能够做好工作的重要砝码。责任是企业致胜的精神堡垒,是企业能够在激烈的竞争中岿然不倒的坚实根基。

6. 责任心往往都藏在"细节"中

> 俗话说，一滴水可以折射出整个太阳的光辉，一件小事可以看出一个人的内心世界。要想知道一个员工对企业有没有责任感，并不需要用大是大非的问题来考验，通过一些细微的小事，也同样可以得到理想的答案。

一次，张海和朋友一起到青海旅行，包车时认识一位司机，仅有小学文化程度，但是每天都穿着笔挺的西装，衬着雪白的衬衫，永远都是提前十分钟到门口等，车子的座套每天更换，车上免费准备垃圾桶矿泉水湿纸巾和睡觉盖的薄毯。同时，他还自带单反相机一台，到好的地方会默默地拍下客人观景时的背影或者远景，分别时送给客人。

其实，这位司机虽然文化程度不高，但从细节处可以看出，他是一个对工作极富有责任心的人。在职场中，多数人都认为责任表现在对工作认真负责的态度方面，但是，真正的负责任的态度，都是需要从小处着手，从细节着手的。俗话说："千里之行，始于足下。"任何伟大的工程都始于一砖一瓦的堆积，任何耀眼的成功也都是从一跬一步中开始的。但是，正是这些一砖一瓦的小事最容易让人产生厌倦之情。如果一个人能将这一砖一瓦的积累过程，以认真负责的精神去完成，那就是负责任。

一家世界500强企业在招聘高层管理人员时，在通过了各种考试后，有三个人进入到最终的复试阶段。这三个人都是精挑细选出来的，看起来充满智慧，大度又干练，很是符合公司的人才需求。复试主要由公司的一位副总裁亲自主持，大家看起来都胸有成竹。面试只有一道题，就是谈谈你对责任的理解。对于这样一个问题，很多人都认为简单得不能再简单了。

但结果却出人意料——没有一个人被录取。

末了，在结束时，副总裁说了这样一段话："其实各位都很优秀，但对于这样的结果我也感到很是遗憾。各位的才华，我都欣赏，你们对于问题的看法都很深入，说话也极富水平，让我感到很满意。但是，这次考试不是一道题，而是两道。遗憾的是，另外一道你们没有回答。"

三个都感到不解，说道："两道题？你明明只提问了一个问题呀！"

"是这样的，你们看到躺在门边的那个笤帚了吗？有人从上面跨过去，有的甚至往旁边踢了一下，但却没有一个人把它扶起来。

"对责任的深刻理解远不如做一件体现责任心的小事，后者更能显现出你责任感。"副总裁最后说。

可见，责任多数时候都藏于"细节"之中，这也说明了，一个人如果从心底都热爱他的工作的话，那么，其任何细节都会在乎，任何时候也都会对工作持认真的态度。

据统计，温哥华邮局的退信部门每年都会收到500万封无法投递的信件。在这些信中，有几百万封信连地址也没有写清楚。很多信都是来自商务写字楼的。你认为，这些失误的职员们会得到升迁的机会吗？芝加哥一家银行的客户经理说，他不得不在商行中安排很多的纠察员，以及时解决那些不求精确、马虎的习惯所带来的问题。不负责任的员工会在工作过程中一味地追求数量，而忽视质量的重要性。他们想做的很多，但往往却因为动手能力差，从而完成任务的质量不高。他们没有根本认识到，哪怕只做好一件事情，其意义也大于做成千上万件半途而废的工作。

刘云是一家装饰超市的销售人员，他的销售业绩不算太好的，但是

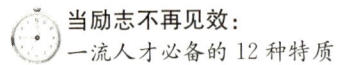

当励志不再见效：
一流人才必备的12种特质

他对客人有着始终如一的热情。

有一天，外面正下大雨，一位老太太走进了刘云所在的装饰超市。她在展销区前徘徊了很久，显然，她并不打算买任何东西。大多数销售员只是看了她一眼，还是忙着自己的事。刘云看到她之后，立即主动向她打招呼，并极有礼貌地问她是否需要服务。

老太太说，自己只是进来避避雨，并不打算买任何东西。刘云笑着说："即便不买东西，我们也欢迎您。"

他又主动地和老太太聊天，并且当老太太要离开超市的时候，还热心地为她撑开了雨伞。就这么普普通通的一件事，刘云几乎把它忘了。直到有一天，他被老板叫到办公室。老板拿出一封信，这封信正是那位老太太写的，老太太要求这家饰材公司派一名销售员到该市，代表饰材公司接下一幢豪华写字楼的建筑装潢业务。信中，老太太还特别指定，这项资金庞大的工程，要由刘云这位男销售员代表公司来负责。原来，这老太太是一家著名跨国公司总裁的夫人。原因很简单，是这位男销售员给老太太留下了深刻的印象，老太太看重的就是刘云注重细节的负责态度。

可见，责任往往都在细节中表现出来。因为他们是在全身心地对待自己的工作，并在工作中付诸自己的全部热情，所以，只要与工作相关，任何一点都不会被他们所遗漏，这样他们终会被机会所垂青。

多数人的事业都是从职场生涯开始的，要想极早地奠定自己的事业基础，那就要勇于丢掉脑中消极懒散的思想，全身心地投入到自己的工作中，以勇于负责的精神去面对自己的工作，时时处处为企业着想，对投资人承担风险的勇气报以钦佩，为企业的长远发展和老板所承受的压力考虑。这样的话，你将会改变自己的工作和生活作风，主动清除自己头脑中消极的思起，成长为一个真正具备勇于负责精神的员工。唯有如此，你才能被企业所重视和信任，从而获得重要的职位，拥有更为广阔的事业平台。

其实，生活中的失败者，多数都是不负责任的人。同样，生活也会以各种方式来回报那些负责任的人。如果你不想成为失败者，那就先从转变自己的思想和认识开始，努力培养自己勇于负责的工作精神。一个人只有具备了勇于负责的精神之后，才会产生一切的力量，也才能从根本上避免失败。

如果你是一个负责任的人，你就会从心底去热爱你的工作，所有的细节都会做得完美无缺，那么成功也就距你不远了。生活中，很多人的一生都一事无成，都是因为他的思想和认识中，缺乏对勇于负责这种精神的理解和掌握。他们常常以自由享乐、消极散漫、不负责任、不受约束的态度对待自己的工作和生活。最后，却不得不沦为生活中的失败者，这是十分可悲的。如果你渴望成功，渴望在最短的时间内取得成功，那么，请赶紧培养自己勇于负责的精神吧。

7. 责任引领卓越，放纵意味着平庸

> 张瑞敏对员工说："如果（将产品）便宜处理给你们，就等于告诉大家可以生产这种带缺陷的冰箱。今天是76台，明天就可能是760台、7600台。因此，必须解决这个问题。"

英国首相温斯顿·丘吉尔说："一个人之所以伟大，是因为他承受了比别人更多的责任。"责任心越强，承担的责任越大，那么事业就会越做越大。在企业中，成功并不是最好，而是更好、比别人多做一点

点。对于企业的员工来说，在工作中，只要能够时刻提醒自己，负担起别人多一点的工作责任，就意味着你将告别平庸，在工作中将会取得更好的成绩了。

其实，工作每天都能够给人一个选择的机会，每天都在给你改变人生的机会。你可以选择无所事事、疲于应付，也可以选择专心致志、迎难而上。当然，你所选择的结果并不是立刻就能够见效，而是需要长时间的积累。当你为自己的工作竭尽全力的时候，你的责任感多一些的时候，你会发现成功和卓越主动找上门来。但是，喜欢在工作中放纵自己的人，也许你在工作的时候感到了异常轻松，但是你很难有所作为，很难从平庸中跳出来。

张一凡是一家汽车修理店的修理工，他每一次在为车主修好车子之后，都会将车子擦得干净如新。店里面其他的修理工看到张一凡的行为后，都笑着说他："修车的人只是支付了你修车的钱，又没有给你擦车的任何报酬，你何必做这种无用的功呢？"虽然这样说，但是张一凡从来都没有理会过，始终坚持帮车主擦车。久而久之，他给顾客提供的服务总是能够得到车主的认可和赞扬，很多来店里面修车的人，专门找他给自己修车。

因为每一位修车的维修工都能够从修车费当中分到提成，张一凡总是店里面月薪最高的修理工。有一次，他又为一位车主修好车后并擦拭干净，车主很满意地走了。没过几天，张一凡就被一家公司挖走了，原来之前来这修理车的车主是一家大型修理厂的老板。老板和张一凡说，自己经常在各处的修理店寻找负责任的员工，直到遇到了张一凡，他才感到真正满意。

从此，张一凡就有了一份更好的工作，他的工资也翻了好几番。曾经与他一起进店工作的小刘，仍然在原来的小店铺干着原来的的工作，拿着微薄的工资。

责任不仅仅体现在你能够完成工作任务，还在于你对待自己的工作多一点点责任心。那些在职场中知名的、出类拔萃的人与其他人的区别就在于他们对自己的工作多了那么一点点责任心。如果当初海尔的张瑞敏不是因为责任，而砸掉那些不合格的冰箱，而是将那些冰箱低价卖给员工，海尔的冰箱残次品就会越来越多。不负责任非但没有得到惩罚，反而得到的是鼓励，那么海尔冰箱也不会成为今天的大品牌。这其实和做人是一个道理，一个人如果对自己都不严格要求，那么他只会越来越差。

8. 即使是1%的平凡事，也要投入100%的专注

> 一位著名影星曾经说过："我相信要做好一件事情，专注和投入是首要条件。就像我，我喜欢演戏，我就全力投入，我相信穷尽我一生的精力和时间，一定可以把演戏这事做好。"

什么是责任，责任就是即便这件事情看起来是小事，也能够投入自己100%的精力，这不仅仅代表着你对工作的一种热爱，更代表着你拥有比能力更重要的优秀品质。一个人倘若要在自己的岗位上取得成功，首先就要先热爱工作、专注工作。只有你对自己的工作投入了大量的精力，你才可能获得别人难以企及的成功。

歌德说过："一个人不能骑两匹马，骑上这匹，就要丢掉那匹。聪明人会把凡是分散精力的要求置之度外，只专心致志地去学一门。"成功的秘诀其实很简单，就是需要专注。专注本身并不神奇，只是控制注

意力而已。一个人只要能够集中注意力，就能够摒弃外界的干扰和困惑，专注地做好一件事，这样才更加的容易取得成功。专注于某件事情上，哪怕再小，努力做好，也会有不寻常的收获。

陆小芬是一个电脑公司里的人事部职员，负责公司新进人员的招聘。公司的氛围很轻松，每天的工作量很少，有很多机会可以做一些别的事情，但是就是这样的一个工作，陆小芬觉得自己学不到什么东西，况且薪水很低，基本上不能解决自己的衣食住行。

后来听同事说档案科的工资高，工作任务却很乏味，但是考虑到高工资的诱惑，于是陆小芬很开心地主动请缨要去档案科工作，老板也是经过审批，才将她调过去。可是没到半个月的时间，由于每天面对着枯燥无味的简单工作内容，她觉得自己应该学一些东西，于是她再次去找老板诉苦，老板说："其实薪酬部的工作很锻炼人，工资也很好。"于是陆小芬经过反复几次找老板谈话，终于答应她去薪酬部工作了。

可是还没到半个月，陆小芬就嫌弃算薪酬制作表格的工作过于烦琐，自己应付不来，然后经过了一些努力后，她又回来了原本的位置上。将近两个月的离开，让她在自己本来熟悉的岗位上感到了陌生。慢慢摸索也跟不上大家的进度，完不成任务导致她一直被老板批评，这个时候她的心思又开始活跃起来，老板看出了她的不安分和不够专注，于是找了一个理由将陆小芬辞退了。

正如一句话所说"生活中有一件明智的事，就是精神集中；有一件坏事，就是精力涣散。"每个人的时间和精力都是有限的，企图去控制超出自己权限和能力范围的事情是没有意义的，最行之有效的就是集中精力做你能够控制的事情，不要浪费时间。特别是做重大事情的时候，切勿一心两用。无论从事什么工作，都要用心去做，在工作中学会去专注地做事，以一种敬业的精神对待自己的工作，无论是大的方向还是小的细节,都要给予同样的重视,争取把自己训练培养成一个适合岗位的人。

如果你不甘于在岗位上平庸,那你就要时刻去鞭策自己:"无论从事何种工作,一定要全力以赴,一丝不苟,能做到这一点,就不会为自己的前途操心。因为世界上散漫粗心的人总是大多数,那些专心致志的人总是供不应求。"在一个企业里,如果我们真正专心地工作了,工作的成果能够体现出来,无论这个成果是大是小,是简单而重复的制造,还是高新技术的创新。老板不会对这些成果视而不见的,久而久之,你专注工作的态度就能提升自己在老板心目中的地位,得到老板的更多肯定和信任,随之而来的是更好的职业发展空间。

9. 做一个"大事可托"的员工

> 奥地利精神医学家维克多·弗兰克说:"每个人都被生命询问,而他只有用自己的生命才能回答此问题;只有以'负责'来答复生命。因此,'能够负责'是人类存在最重要的本质。"

在工作中,一个工作能力强的人不一定就是"大事可托"的人,但是一个负责任的员工却有可能成为一个"大事可托"的人。责任是职场中不可缺少,比能力更重要的优秀品质。一个人无论你的能力大小,才学高低,生活都会给你一个立足的位置。但是这个位置在哪儿,完全取决于你自己的责任心有多大。你对待工作是草草应付还是尽心尽力,这直接影响着你工作的结果。缺乏责任感是一种失职的表现,因为没有责任心,就不会视企业的利益为自己的利益，也就不会因为自己的所作所为会影响到企业的利益而感到不安，更不会时时处处为企业着想。

在任何一个企业，责任感都是员工生存的根基。没有责任感的员工就不是一个"大事可托"的人，更不能得到老板的信任。因为缺乏责任感，就会为自己的失职找借口，习惯敷衍塞责。你缺乏责任感，老板对你自然会缺乏信任感。老板不信任你，你如何能够成为一个"大事可托"的员工？在职场中，如何对待已经出现的问题，能看出一个人是否能够勇于承担责任。如果你为自己承担的责任感到沉重和压力，那么你并没有真正的理解责任的含义。责任意味着勇气、坚强和爱，当你承担责任的时候，正是你接受和给予别人的爱和无私的时刻。

周小蝶是一家电器公司的职员，公司的老板打算派遣一名员工去各省组织调研工作。这项任务对于老板来说非常重要，一定要派遣一名有责任心、可以托付大事的员工。老板在众多报名的应征者中进行筛选，而且只问了一个问题：你在以往的工作中，犯了多少次错误？

面对这个问题，有的人如实回答，有的人则说自己很小心，一直没有什么错误。轮到周小蝶的时候，她将自己记录的一个本子交给了老板，并说："老板，这是我工作两年中记录的《工作错误备忘录》，同样的错误对于我来说，只有一次。"听到周小蝶这句话的时候，老板抬头看着她，并坚定地说道："这次的任务就派你去了，希望你不要令我失望。"

周小蝶去执行任务以后，公司的经理问老板："为什么周小蝶能够胜任这个重要的任务呢？"老板笑着说："一个人要真正做到不犯二次过错，其实是一件非常不容易的事情。周小蝶能够如此细心地在自己的工作生涯中安放一个记录，提醒自己这样工作，充分展现了她对工作负责的品质，这样的员工才是大事可托的人。"

有人说，一个人犯第一次错误叫不知道，第二次叫不小心，第三次叫故意。不要以为自己在工作中为自己的错误找借口，就可以摆脱责任。只要你能够在第一次犯错误的时候，及时总结教训，提醒自己这是最后一次，而且能够说到做到，你早晚会在职场中脱颖而出的。最糟糕的工作状态就是对一切都无所谓，安于现状，不对错误进行纠正。如果你能够多一些责任心，对别人不想改善的工作去用心，然后做到了自己的要求，那么你就会和普通员工不一样，胜在职场。

10. 勇于负责是晋升的捷径

> 承担的责任越多，你得到的信任和重用就越多。职场上，因为吃亏，所以杰出。当某件困难事谁也不愿意去做时，你往前冲，主动去做，你就可以抓住脱颖而出的机会了。

在职场中，一些年轻人养成了一种自由散漫、不受约束、不负责任的习惯。他们没有意识到，只有责任感才能让个人的价值得到实现，也只有具备勇于负责的精神或态度才会受到职场管理者的青睐和重用。

艾丽丝是一家大型公司的办公室文员。一天中午，同事们都出去吃饭了，只有她一个人留在办公室收拾东西。这时，一个部门经理经过他们部门时，便停了下来，想找一些信件。

其实，这并非是艾丽丝分内的工作，但是她依然答应："尽管这些信件我一无所知，但是，我会尽快帮您找到它们，并将它们放在您的办公室里。"当她将他所需的东西放在他的办公桌上时，这位经理显得格外地兴奋。

半年后，在一次公司的管理会议上，那位经理所在的部门有个职位空缺。总裁在征求这位经理的意见时，他灵光乍现，想起了那位勇于负责的女孩——艾丽丝。于是，这位经理当即推荐了艾丽丝，艾丽丝的职位一下晋升了两级。

可见，对工作勇于负责是一个人职场晋升的捷径之一。为此，我们在平时的工作中要做个有心人，利用不同的工作机会锻炼自己，把它们看成是促进自我成长的机会，时间一长，定会有良好的发展前途。

比尔·盖茨曾这样说过："你必须能非常灵活地利用那些有利于你发展的机会。在微软，我们通过一系列方法为每一个人提供许多不同的工作机会。任何热衷参与微软管理的员工，都将被鼓励在不同的客户服务部门工作，即使有时这对微软意味着增加分支机构或调去别国工作。"其实，何止是微软，在几乎所有的现代企业中，都开始注重给员工创造发展空间，赋予每个人最大的发展机会。然而，很多人尤其是年轻人却没能利用企业提供的不同工作机会来成就自己。今年23岁的张旭就是这样的一个人。

去年大学刚刚毕业的张旭在一家商贸公司谋得了一份好差事——总经理助理。一次，上级让他做一件不在他职责范围内的工作，他果断拒绝了。还有一次，另一个部门经理问他愿不愿意去尝试那个部门的工作，他也拒绝了。因为张旭不愿意负担任何其他任务，也不愿意接受公司提供的其他工作岗位，结果上级认为他是一个不思进取、拒绝成长的人。从此，上级再也不给他委派任何工作任务了，不久，因为来了一位全能型的职员，就把张旭的职位给顶替了。

其实，假如张旭能接受上级派给他的新任务并能顺利完成，等待他的就可能是加薪晋升的机会。可惜他却没有抓住，让机会白白溜走了，最终处于被动的地位。

大凡职场上的成功人士，无不是乐意接受并且十分珍惜企业提供给他的不同的工作机会，因为他们知道，不同的工作机会，能提升自己各方面的能力，有利于个人的成长，也是自己身价上涨的重要机会。

在很多同学眼中，小刘是个"幸运儿"。她的幸运全部都源于她不停被提拔的职场仕途。小刘是学金融贸易的，毕业后到一家英语翻译公司做翻译工作。说实话，她的专业在翻译行业中是不占优势的，长相也普通，英语水平似乎也一般。但自她进入公司后，在她到过的每一个部门都做得风生水起，每一次调动都成为她提升的机会。只有小刘自己明白，这些成功的机会是如何来的。

刚进入这家公司时，专业优势不明显的她先被分到行政部，做着不起眼的小职员。平时小刘也不惹是非，只是默默地低头做自己的工作。不过偶尔也会露露峥嵘，比如发现别人输错了数据，她会她悄悄地给修正；领导让她做什么，她就是做什么，而且总是在第一时间做到最好；在别人抱怨工作无趣、老板小气、地铁太挤时，她在悄悄地熟悉公司的部门、产品和主要人物。

后来，市场部经理偶尔看到她在接电话处理一件小事情时表现出的得体和分寸感，就要她去顶他们部门的一个空缺。

进入市场部，她的眼界开始宽阔起来。同原来一样，小刘的特色就是默默努力。半年后，她的几份扎实的市场分析报告，赢得了众的好评。一年后，她的业务量已经能在整个部门中排前三名了。为此她也为自己赢得了到总部开会发言的机会。看到她在会议上条理清晰、口齿伶俐的发言，使原来行政部的经理大吃一惊。

因为在市场部做得好，不久，她便被升为市场部主管的副手，为公司签订了一个又一个大单。

看了小刘的经历，身为普通员工的我们，真的没必要再抱怨老板不给自己机会了。你可以静下心来想一想，你是否在能够在老板交给你任务时，完美地完成任务，并且没有那么多的废话呢？当公司分派给你额外的任务时，或者让你负责艰难的工作时，你是否会表现得毫不犹豫地一肩扛下？如果不能，就别再抱怨机会不来敲你的门了。

在职场中，勇于负责是获得晋升的唯一捷径，如果你能认识到这一点，并能努力做到，那么，总有一天你会成为公司最有价值的人，会从一名普通的员工顺利成长为卓越的领导者。

11. 要负责任，首先要坚持你的"职业操守"

> 一个职业该有怎样的操守，就如同一个人该拥有怎样的价值观，一个人选择怎样做人一样。职场中，我们要求的负责任，大都是一种"勤奋、积极做事"的一种工作态度，但是，踏踏实实做人却是负责任的基础。

在职场中，要对工作负起责任，首先要遵循最基本的一点，那就是无论在怎样的情况下，都要守住你的"职业操守"。

一个人要在职场中立足、发展，一定要不触及到自己的职业底线，违反自己的职业操守。何为职业操守和职业底线？就是明白什么事可以做，什么事不可以做，比如守信、遵守职业道德等，有操守和底线的人，更容易赢得他人的信赖和支持，在奋斗的过程中，也会得到更多朋友的帮助，成功之路就会越走越通畅。相反，如果一个人不懂得遵守职业操守，就可能会把自己的发展之路"堵"死！

马良是深圳一家电子公司的技术部经理，在线路板技术领域有很高的威望和成就，而且，他做事果断，为人实诚，深受领导的器重。

有一天，马良的一个同行业的朋友打电话，约他到酒吧喝酒。马良没想，也想放松一下，就到了相约的酒吧！

对方先上了几杯上好的鸡尾酒，几杯酒下肚，朋友对马良说："兄弟，我有一个忙想请你帮！咱们可是老乡，一同从家里出来打拼的，你一定得帮我哟！"

马良问道："什么忙，我能帮上的一定会帮你，凭咱们的交情，还用这么客气吗？"

朋友说："我们公司最近和你们公司在洽谈一个合作项目，如果你能把你们公司相关的技术资料给我提供一份，我就会在谈判中占据主要地位！"

"什么，你不是让我泄露公司机密吗？这可是犯法的事情呀！"马良皱了皱眉头。

朋友压低声音说："这事你知我知，根本不会有第三个人知道。再说了，这事办成功了，我们也会不亏待你，至少会给你20万左右的报酬，这可够你在这里打几年工了！你可要想好呀！"

听了这样的话，马良有些动心。心想，自己辛苦出来打拼不就是为了钱吗？于是，就暗暗地默许了朋友的开出的条件。

几天后，马良就按朋友所说，把公司的技术资料复印好，就递给了朋友。朋友没有爽约，把20万支票给了马良。

接下来的事情可想而知，公司在与对方公司谈判的过程中，就是因为技术资料被泄密，一直处于被动的地位，最终损失额高达几百万元。这让公司老总大为恼火，于是派人专门彻查此事，最终，真相大白以后，马良被辞退，那20万元也自然被退回！

马良的经历给我们这样的启示：面对任何诱惑面前都要坚守住底

线，守住做人的基本原则，否则，就会搬起石头砸了自己的脚，会自食恶果。

底线是做人的标尺，守住底线是做人最为起码的要求。很多人彻底失败，就是因为守不住做人的底线，最终使自己身败名裂。

第九章

自律：没人看管，也能认真工作

生活中平庸的人都有两个大敌，一个是好走捷径，一个是缺乏自律。自律是职场中应该具备的优秀品质。自律的人懂得掌控自己的感情、意念和欲望。如果没有自律，一个人即便出身再好、受教育程度再高、遇到的机会再好，也终究难逃平庸的命运。在职场中，一个自律的员工是优秀的员工，因为他的工作能够在特定的时间内自觉地完成，而不需要领导的督促和监督。

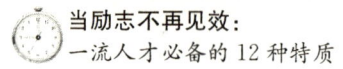
当励志不再见效：
一流人才必备的12种特质

1. 投机取巧只会毁了你的前途

> 企业好比一台机器，由许多的螺丝钉和轴承组合起来，每个螺丝钉和轴承都有自己的功用，千万不可越俎代庖，不然机器就会散架。而员工就是一枚枚的螺丝钉和轴承，每个人都有自己的工作，按部就班地做好自己的本职工作。

很多员工在工作的时候眼睛总是盯着"上面"，心思不是放在工作上，而是放在老板身上。这样的员工缺乏自律性，在工作中是那种要求必须全程监控才能主动工作的人。缺乏自律这种优秀品质的员工，他们不是想着为老板、为公司、为自己做好工作，而是以老板在不在来决定自己的工作态度。当着老板的面就拼命干，老板不在时就不干；老板在场时总是规规矩矩，老板不在时就为所欲为。这种只做表面文章，心存歪念的员工，永远都不可能在职场中取得任何的成绩。在工作中投机取巧是很多人都容易犯的毛病，某些人总是为自己会投机取巧而沾沾自喜。殊不知，这样只会害了自己。

有些人也许在刚刚开始的工作时候没有你经验多、能力强，但是他能够在老板不在的时候，或者从来不需要老板提醒，也能够自觉地、主动地完成自己工作任务。你在老板不在的时候，开始到处走动、不时地聊天，悠闲地喝茶和咖啡，你的工作进度开始变得缓慢，就这样你被新人和不如你的人超过，最后他们的能力不如你，升职的速度却远远超越你。

林中玉是一家大型咨询公司的员工，同事们都说他是最聪明的。只要公司的老总在公司，林中玉工作起来总是非常卖力气，按部就班地干完自己的工作，有的时候还会帮助别人做一些事情。每一次看到林中玉的表现这么好，老总都是很高兴，并且打算提拔他。

有一次，公司的老总出差了，这一去就是半个月。林中玉开始觉得应该松一口气了，放松一下自己的精神了。林中玉觉得只要让老总看到自己努力工作就行。于是，办公室里面发生了细微变化，老板走后林中玉开始上网聊聊天，看看与工作无关的报纸或杂志，或和同事乱侃一通。

由于林中玉的带动，很多员工都开始在办公室里到处走动，有人开始不时地聊天，过了几天，大家的话题越来越丰富了，休息室里有人把喝茶喝咖啡的时间从以前端一杯就走，变成了坐着慢慢品尝。似乎大多数人都为自己找到了"不用着急"的理由。又过了几天，办公室里开始出现一些混乱，因为工作毕竟需要集体合作，没有了老板的督促，没有了统一的进度，工作进度变得十分缓慢。

天下没有不透风的墙，办公室里的变化，老板在外都知道了。本来计划出差一个月的，结果老板刚刚出去半个月就回来了，当时，林中玉正在上网聊天，让老总逮了个正着。其他的人也因为在办公室闲聊而被老板一顿训。林中玉失去了升职的机会，其他的人也受到了扣除奖金的惩罚。

老板不在的时候，有的人认为这是最轻松、最自由自在、最没有压力的时候。有的人把它看作是考验自己对企业的忠诚度、衡量自己的工作态度和工作责任心的时候。有些缺乏自律的人忽略了现在的企业是"以制度管人、以考核制约人"，即便是老板不在公司，这并不意味着他完全失去了对公司、对员工的管理和控制。所以，老板不在时员工更应该摆正自己的心态和位置，自动做自己的老板，自发做公司的主人，绝不能因为脱离了老板的管理和监督就放任自流。

工作是给自己做的，而不是给老板做的。我们是在公司为自己提供的平台上发挥所能，在付出时间和精力后，同时也提高了自身的能力。不管老板在与不在，都应该认真负责，做好自己的每一项工作。你的工作不应该是在有了监控的情况下就按部就班，没了监控的情况下就投机取巧。一个具备自律的优秀员工，应该做到无论老板在与不在一个样，甚至会在老板不在的时候，工作更负责任，更加努力。

2. 不懂得自律的人无法成功

> 一个成功的人必定是一个懂得自律的人，纪律是成功的基础，是保证一个单位战斗力的重要因素，是发挥一个人潜能的保障，是敬业的基础，同时也是有效执行工作的根本保证。

在企业中，当一个员工完全没有自律的意识的时候，他就不会成为一个优秀的员工，更不会成为一个成功的人士，成功人士必备的基础就是自律。当一个人用自律来约束自己的行为的时候，往往能在关键的时刻做出正确的选择。拥有自律的品格，对于一个人的人生很重要。

君君是一家公司的保安，平时负责看管仓库和公司人员的安全。刚刚上任两个月，他就开始放松了自己工作的警惕。觉得自己的工作任务并没有想象中的那么重，而且公司里面的人，平时上班都坐在办公室里面，不会有什么安全隐患。仓库有仓库保管员，跟自己的关系也不大。

平时进入公司，无论是车辆还是人员都需要进行登记的。在君君看来也是多此一举的，因为公司的职员差不多都卡进公司，其他的人一下就能拦住。本来早上9点就应该站在岗位上履行自己的职责了，但是君君被保安室放的监控电脑迷住了，因为里面有开机小游戏。一边玩着游戏，耳朵一边听着"嘟嘟"的打卡声。

铃声响了之后，君君停止了手中的电脑，抬头看到正好9点了，于是从保安室出来，锁上公司的大门。刚刚进保安室玩游戏还不到半小时，看到销售部的小王着急地在门外敲着门。君君出来疑惑地看着他问："咦？你怎么才来啊？"小王激动地说："我的签到卡和钱包在公交车上被扒手给偷了，报了警，请了一个小时的假，不和你说了啊。"然后跑进了办公楼。

君君也没在意，进去记录登记的时候发现今早的签到卡是满员。他立刻惊得站了起来，也就是说，小偷有可能拿着小王的签到卡是混进了公司。他立即打开电脑，发现小王的签到卡在早上7：30进来的，早上8：47分出去的记录。他立即查看录像，并通知了保安队。结果发现仓库被盗，公司职员的一些钱包被盗了。

老板很生气，让君君来偿还这些丢失的钱，并停了他的职。

可见，没有自律的员工不仅会给工作、企业带来坏的结果，也会影响自己的职业生涯。

黄薇是一个活泼开朗的女孩，大学毕业后在一家文化公司工作。工作的前一个月，黄薇总是能够按照公司的规定，每天完成8000字，同时还能利用一点时间检查一下自己的稿子，看看有没有什么问题。第一个月的时候，黄薇受到了领导的表扬，还得到了500元的奖金奖励。公司的员工都十分羡慕黄薇，并向她表示祝贺。

第二个月，黄薇在工作的时候开始松懈下来。每天上班先打开电脑，然后坐在电脑前，悠闲地喝着茶。上班的时候，她首先去网上先看看一天当中的头条新闻，然后打开网页，一边喝茶一边看新闻，然后再一边写写稿子。不知不觉就到了下午,下午人比较容易犯困,刚刚来了兴致想要写稿子,困意来袭,然后立马登上QQ,找到几个好友,聊天解困。结果,你一言我一语,不知不觉聊到了下班的时间,再一看看自己一天的成果,还不到3000字。随便地在网上找一些资料粘贴上,然后应付领导检查,第二天再重新删掉,再继续写。

结果到月末要交稿子的时候,她的书稿还差一半的字数,月完成量不及上个月的一半。黄薇总是控制不住自己,去看看新闻,或者去聊聊QQ,每天几乎都会陷入这种恶性循环。最后,由于总不能按时的完成任务量,她被老板和公司开除了。

一个人如果不能约束自己,不能将那些乱七八糟的想法和好奇心剔除,就会受到一些吸引而导致工作的拖延。优秀的员工要学会掌控自己的情绪和行为,遵守纪律是成功的保障,遵守纪律也能够看出一个人的责任感。

3. 不以恶小而为之

> 林肯说:"一个人有可能在某一个时刻欺骗某一个人或者所有的人,但绝不可能在所有时候欺骗所有的人。"

古往今来,信誉都是非常重要的东西。古人云:"君子一言,驷马难追。"信誉是人际关系的基础,是人与人交往的保障。一个人随意地践踏自己的信誉,就是拿自己的人格做买卖。在企业中,报销账目的时候,就是检验一个人是否具有自律品质的方法。报销账目不仅仅能够看出一个人的自律性,还能通过自律看到一个人的诚信。没有诚信的人,何谈自律？

孔子曾说："人而无信，不知其可也。大车无𫐐，小车无𫐄，其何以行之哉？"一个人若不讲信用，就不知道他能做什么了。就像大车没有车𫐐，小车没有车𫐄，它靠什么行走呢？莎士比亚在《哈姆雷特》中也说："对自己要诚实，才不会对任何人欺诈。"讲信誉不仅仅是一种美德，同时也是你立身处世之本。信口开河对自己说话不负责任的人，不会有任何的机遇和成功。

很多在企业中的人都会有这样的经历，在为公司做工作，或者集体买东西的时候，最容易从中捞取一些好处。比如你可以让老板帮忙开一些假的发票，然后拿到公司去报销，或者你可以用公司的名义邮寄私人物品，免花运费，等等。但是你有没有想过，你的自尊往往就被这样的一点点小钱就给出卖了。还有的人在工作中，随意地将自己犯的错误扣在其他人的头上，然后自己避免风险，这样的欺骗行为也是十分可耻的。

王广瑞是一家公司的普通职员，一天在工作的时候，老板走过来对王广瑞说："你一会有时间把账单统计一下，我可能会用到。"因为统计账单并不是王广瑞的分内职务，所以，他也只是随口答应了，然后忙于自己的工作，之后，就完全不记得领导让他统计账单这件事了。等到了下午，终于忙完了自己的工作，然后开始安排第二天的工作进度时，领导走过来说："刚刚我随口说让谁给我统计账单啦？"大家面面相觑，这个时候，一旁的王广瑞才想起这件事，他以为领导不记得这个任务交给自己了，所以躲在那没有说话。

领导看看没有人承认，于是对主管说："你让统计部的丁岚给我算个账单。"主管听到之后马上就去办了。然后领导说："下个月咱们公司有个评优大赛，会根据你们平时的工作表现和工作业绩进行评优，前三名的咱们公司有奖励。"大家听到这个都很开心,这个时候领导继续说:"王广瑞,你到我办公室来一下!"大家都看看王广瑞,王广瑞心里一颤,也许领导记得把工作任务交给自己的事。

领导看了王广瑞说:"广瑞啊,我刚刚好像记得我和你们组的小陈说让他给我统计账单,但是她刚刚居然没有承认。"王广瑞终于松了口气说:"小陈也许是太忙了,所以忘了吧!"领导听到他这句话很愤怒地拍了桌子站起身来说:"王广瑞,你当我没长脑袋是吗?我刚刚分配给你的任务,你没有做,还不承认,然后还把失误推到了小陈身上,像你这种不讲信誉、不诚实的人,公司是不会要你的。你收拾东西,让财务部给你清算一下工资,走吧!"王广瑞一下便傻在了那里。

在职场中的年轻人必须要知道,在企业中若要想站稳脚,首先你必须是一个讲诚信的人。一个"光说不做假把式"的人,没有什么人会相信他的话,即使是想要在社会上谋求生存和发展,也是不可能的。很多年轻人都希望自己在入职场之初,会有一个人能指点自己,或者给自己一点提示,能够让自己在迷茫中有一个很大的提升,但是倘若这个年轻人是一个不讲诚信的人,那么自然就会"失道者寡助"了。

古人云:"人之言为信,言而无信则非人。"诚信是一个人立世之本,违背了誓言和诚信就会失去所有的朋友,令自己陷入孤立无援的状态。讲诚信也是自律的一种表现,自律是能够对自己和公司诚信。一个人如果因为贪图小便宜,就将自己的诚信弃而不顾,那就不是一个合格的员工,也是一个没有道德的人。

4. 自律是工作成功的"基石"

> 俄国现实主义艺术大师屠格涅夫说:"自尊自爱,作为一种力求完善的动力,是一切伟大事业的渊源。"

古人云:"人无自律,不知其可也。"在工作的过程中,每个人都会遇到各种各样的诱惑,只要稍微不留神,就会深陷其中,沉溺于诱惑之中而不能自拔。不具备自律这种品质的人,通常在工作中放纵自己,让自己的欲望虚掷许多时光,以至于无法如期完成工作任务。这样的人,即便他再有工作能力,也不会成为老板眼中优秀的员工。因为一个连自己都管不好的人,又怎么会做好自己的工作呢?

在工作中,不自律的人不可能管理好别人或者重要的事情,即使本来可以工作得很出色,但是因为不具备自律这种优秀的品质,老板也不会认为你是个可以担任重要职位的人。因为自律是提高工作效率的基础,它可以让你工作得更有条理。自律方式其实可以考验你抵御诱惑的能力,对你有很大的好处,有助于你形成良好的习惯和品质,可以帮助你一步步得到老板的信任。

在工作中,自律一般都是针对自己不愿意去做的却不得不做的事情,如果你能将这样的事情做好,那么你便有了自律,不会再放纵自己。职场中,很多人都将自己的工作视为"小事",根本不愿意去做。往往因为这种心态而错过了升职的机会。

樊少钧经营一家小餐馆,但是生意做得十分惨淡,只能基本维持生计,而且工作得十分辛苦。当他每天站在店里面看到对街的一家"功夫烧烤"的生意十分火爆时,他觉得如果自己选择一个没有"功夫烧烤"的地方代理一家"功夫烧烤",同样会赚取很大的利润。

于是,樊少钧决定放弃自己的小餐厅,并找到"功夫烧烤"总部的负责人,告诉他自己想代理"功夫烧烤"。负责人告诉樊少钧,只要他愿意把50万元的资金投到上面,就可以代理一家"功夫烧烤"分店。樊少钧听完就愣住了,因为他手头的钱离50万元的距离太大了,但是他又不想放弃这样赚钱的好机会。

樊少钧决定从现在开始存钱,他在每个月的月底都往账户中存入2000元。不管自己当月的生活多么艰难,他都决定定期去存钱,而且为了避免自己因为有事把手里的钱花掉,只要到月底拿到钱,他就先把1000元存到自己的账户中。

樊少钧这样坚持了6年,他的存款仍然只有144000元,距离代理"功夫烧烤"的50万资金还有很大的差距。但是,他仍然去找"功夫烧烤"的负责人,对他讲了自己这6年的经历,也讲了自己所面临的困难,希望负责人把代理权交给他,并保证自己可以如期补上这些欠缺的资金。

"功夫烧烤"的负责人听了樊少钧的话,当时并没有说什么,而是让他回家等消息。在樊少钧走后,负责人立刻给银行打电话查证樊少钧所说的是否属实,还亲自到银行询问樊少钧的情况。当银行职员知道他的来意时,对樊少钧大加赞美,并告诉了负责人樊少钧这6年来的坚持行为,并说樊少钧不管月底刮风下雨,都会如期来银行存款,6年来从不间断。"功夫烧烤"负责人听了银行职员的话,就决定给樊少钧打电话,让他代理一家"功夫烧烤"的分店,因为相信他,一个如此自律的是可以取得成功的。

自律和一个人的意志相关,意志薄弱的人很难做到自律,而意志顽强的人自律的能力就很强。其实，自律的能力并不是天生的，自律是可以通过后天的磨炼加以改变的。如果你能够在工作的时刻，提醒自己自律，当面对难题的时候，不纵容自己找借口，而是对自己严格一点，你就能够取得工作上的成功。

自律对于一个人的成功很重要，对于企业的老板来说，要不要重用一个人，不单单是看学历和能力，更重要的还有自律这种优秀的品质。不具备自律的人，即便是如何的有工作能力，也不会取得事业上的成功。想要获得成功，自律的品质是基础。即便是没有人看管，没有人提醒的情况下，也能按照自己的目标和任务，不断地努力。

5. 制度不执行，比没制度危害更大

> 培根说："制度不执行，比没有制度危害更大。"

在企业中，很多员工并不是十分的重视企业的制度，甚至视企业的制度为儿戏，其实，这也是一种缺乏自律的表现。制度的存在就是为了规划企业的模式，规范企业的纪律。如果制度在企业中不能被正常地执行，实际上比没有制度的危害要更大一些。能够自觉遵守企业的规章制度，一方面体现了员工的自律性还有责任心，对于老板的要求能够认真地贯彻；另一方面体现的也是员工的责任心和敬业精神。

小白在一家私立学校做教师，她已经有了两年的工作经验了。学校的规定是每一位老师需要在周五的时候上交下一周的教学报告和教案，而且每一位老师互相检查，然后给出对方确实可行的教学意见。起初每个老师都能够按照学校的要求，但是眼看学校就要进行假期课的安排

了，工作的任务量是平时的两倍，所以，很多老师根本就没有时间写教案，更不用说每天一篇的教学报告了。

学校里的教师每天都有满班课，下班之后还有100多本的作业要批改。而且周末只休息一天，这样的安排让很多老师觉得瞬间忙碌，忙不过来很多人就开始将教学报告两天合并为一天，小白干脆都不写了。她和语文老师乔玲玲是互相检查的一组，两个人合计好先不写教案和教学报告，周末回家一起补。

结果一个月下来，两个班级学生的课都是没有计划地赶上的，假期课结束的时候，小白和乔玲玲班上的成绩是最低的。很多学生普遍都听不懂老师的课，这件事被校长知道了，严肃地批评了小白和乔玲玲，检查两个人的教案和教学报告，两个人居然都没有写。校长愤怒地问："学校制定的规章制度，你们都不遵守吗？没有纪律的老师还想要自己的学生遵守纪律，简直就是做梦。"小白和乔玲玲很愧疚地低下了头。

企业在没有制度的时候，大家会根据自己的常识，公司的文化或者老板的指示做事情，当然也会给业务上带来一些麻烦，但是最终问题是能够被解决的。制定了制度却不执行可是要命的事情了，在不知情的时候，员工本能地遵守公司的制度，但是如果员工在工作的过程中感觉到制度执行与否和有效的管理都没有关系的时候，那么公司与员工之间的信任就会出现危机，这种信任消失了，比没有制度更可怕。

对于天然气开采这种高危行业的工作，事先应该进行安全和环保的评估，一般在天然气井附近1公里之内是不应该有常住居民的。但是娄晓璇的公司却在距离农户不足50米的地方立下了井架，而且公司的员工没有一个人按照制度的要求，像周边的居民群众普及安全防范常识。

不幸的事情发生了，这里发生了井喷事故。受害的农民甚至都没有听说过"硫化氢"这个恐怖的名词。附近两个村庄3000多人受到了这种有害物质的威胁，附近住的很多居民甚至不知道天然气的开采可能会产生毒气。

娄晓璇的公司被封了，她也要承担相应的法律责任，而公司里面的员工，相关的一些作业人员都受到了应该有的制裁。他们在法庭上见面的时候，娄晓璇气愤地责问那些员工："我们公司有没有这方面的制度，你们为什么不执行？"很多工人低下了头。负责通知遣散周边居民工作的李刚略带抱怨地说："周围的居民很难交涉，还高价威胁。起初开采的几天都没有什么大问题，所以就忽视了。"

站在法庭外的孩子，泪眼模糊，当被问到家里发生了什么事情的时候，孩子只是默默地流泪。也许是年纪太小，根本不知道发生了什么事，他只是知道一些不负责任的叔叔，用父亲的生命做了代价。

在工作中缺乏自律性的员工，不仅仅是不负责更是对工作的一种亵渎。制度在没有正确的执行，一些人有章不循、麻痹大意，造成了一些不可挽回的后果。没有执行力的制度比没有制度更加糟糕。因为那些悬挂于殿堂或者执于掌中的制度不被执行时，便成了具有麻痹性的道具，它能麻痹人们的警醒力，使人们怠于履行职责。它一方面可以用于应付上级检查，麻痹上级；另一方面，可以给自己支撑门面，敷衍塞责，麻痹自己。因此，我们不仅需要健全制度，更需要执行制度。如果过分强调制度的作用而忽略制度的执行人的能动因素的话，那么，制度就成了一种处罚工具。

第十章

沟通：倾听对方的想法，表达自己的意见

　　沟通作为职场中一种重要的品质，任何员工都不要忽视。沟通是人类彼此了解的桥梁，倘若不沟通，不善于沟通，就无法得知对方的想法，也不能够根据对方的想法及时做出回应。对于在工作中什么都不说的人，他是可悲的，因为他失去了学习和提升自己的机会。而在工作中，总是滔滔不绝的人，也是可悲的。因为他没有时间听到别人的意见，错过了解决问题最好的方法。在职场中，沟通非常的重要。对于老板来说，一个在工作中什么都不说的人，即便是再有才干，老板也不会重用他。优秀的员工懂得把自己的想法和老板分享，带上自己的方案，让一切没能处理好的事情得到解决。

当励志不再见效：
一流人才必备的12种特质

1. 做到有效沟通，不造谣生事

> 石油大王洛克菲勒曾说："假如人际沟通能力也是同糖或咖啡一样的商品的话，我愿意付出比太阳底下任何东西都高的价格购买这种能力。"

沟通既是一种基本的生存能力，也是人们实现理想的重要工具。一个员工的沟通能力在很大程度上决定着他的事业成功和生活幸福。在企业中，无论是管理者还是普通的员工，都是企业中竞争力的核心要素，做好沟通工作，是企业各项工作顺利进行的前提。沟通是企业员工必须具备的优秀品质，沟通对于每个人而言，并不陌生。在日常的生活和学习中，每个人都时刻面临着与别人的沟通。但沟通不是能说会道、东拉西扯，而是通过准确、快速、简洁的沟通方式，将有用的信息带给上司、同事和下属，提高相互合作的效能。

在工作中，能够做到有效沟通的员工并不多，所以在执行任务或者交代任务的过程中，往往出现一些偏差。因为这些偏差，所以才会导致上司没有说清楚，同事没有通知自己，彼此推卸责任、互相埋怨，矛盾就是这样产生的。沟通这种能力在企业中占有着重要的地位，一个谈吐优雅、具有雄辩口才的人才能在公司受到欢迎，才能取得职场中的成功。卓越的职业者都是沟通高手，现在的企业很看重一个人的沟通水平，沟通能力欠缺的人，即便再有才华，也不会受到重用，对于沟通能力强的员工，才能实现自己的个人价值，也恰好是公司所需要的员工。

杜鹃刚刚进公司还不到一个月，公司里面很多事情都还不熟。经理和杜鹃说："小杜，你对于公司里面的很多事情都不熟悉，平时要多注意沟通，多和大家交流，不知道的要多问问。"小杜在工作的时候，看到业务部的主管周雪娇总是一副很了不起的样子，平时谁都不敢说她。杜鹃就私下打听，原来周雪娇是处长的小姨子。

出纳赵祥总是一副尖酸刻薄的样子，每一次和他有工作接触的时候，总是碰一鼻子灰。作为女孩，她也不能把赵祥怎么样，于是就和同事讲："赵祥仗势欺人，其实他和周雪娇是亲戚。"

经理派周雪娇出差，杜鹃和同事说，周雪娇和经理关系特殊。周雪娇有机会出去培训，也是经理特意安排的。这件事传到了周雪娇的耳朵里，两个人在办公室大吵了一架。没过多久，杜鹃又不知道从谁那里听到同事周玲玲是周雪娇的侄女。平时自己与周玲玲的关系也不是很好，于是在办公室里面和周玲玲吵了起来，还说她是靠姑姑周雪娇的关系进公司的。

经理知道了这些事，将杜鹃叫到了自己的办公室，然后拿出周雪娇和周玲玲的个人档案，两个人一个来自陕西西安，一个来自湖北武汉，二人之间没有任何血缘关系。处长赵孟辉和周雪娇也没有任何的特殊关系，至于那些乱七八糟的说法，不知道是谁编造出来的。赵祥和周雪娇也没任何的亲戚关系。

经理和杜鹃说："我让你在公司多注意沟通，而不是让你去'八卦'。尽管你是一个很有能力的人，但是我们是一个讲究团结的公司，你看你，整天不是跟这个做对，就是和那个闹矛盾。这样下去，不仅影响你自己的工作，还会影响我们整个公司的工作氛围。"听到经理的话，杜鹃很明白经理的意思了，于是就辞职不做了。

沟通不等同于"八卦"，沟通是在彼此互相尊重的前提下进行的。大教育家孔子早就说过，要听其言观其行，言是第一位，话不到位，可能会给自己带来不必要的麻烦。沟通在工作中不到位，工作就无法正常进行。但是沟通并不等于"八卦",工作中的事情就是彼此交流工作的经验和心得,而不是拿同事的私事大肆宣扬和讨论。在沟通的时候要充分地尊重同事,努力做到换位思考。如果和某人沟通无效,只能说明自己需要改进沟通的方式和内容。同时,在沟通的时候还需要注意沟通的对象。

2. 学会主动沟通

> 了解的基础是很好的沟通,越不沟通就越不了解,越不了解就容易出现误会。

有句话说:"想要让自己在众多员工中脱颖而出,就要学会与老板主动沟通。"但是在职场中,能够主动找领导沟通的人不多。很多人并不具备主动沟通的勇气,因为在他们的心里,老板多数都是比较难沟通的。因为有了这样的偏见,所以限制了他们之间的交流。职场中多数的人都将自己的不满或者意见诉说给自己的同事,以期向同事发牢骚可以找到共鸣。实际上,你的确可以找到共同被压制的感觉,但是这只会造成你和老板之间的误解,根本无法解决任何的问题。

人与人之间越不沟通,彼此之间的鸿沟就会越深。上司无法了解你的工作进展,也无法得知你对公司所做出的努力,很难对你满意。员工和老板有误会的时候并不可怕,可怕的是在一些问题上含糊不清,彼此不能透明地沟通。在一些触犯公司利益的问题上,应该积极主动维护公司利益。如果出现了工作上的失误,当着老板的面去维护公司的利益,这样不仅不会产生误会,还会得到老板的信任。沟通的前提是排除双方心理上的障碍。在企业中，领导了解员工的渠道很多，但员工想要理解领导的渠道却有限。作为员工，不仅要做好本职工作，坚持自己的原则。而且发现误会时，应该积极主动沟通，说明情况。因为对任何企业而言，信任就是眼睛里进不得沙子。

晓艳是一个服装连锁店的老员工，深得老板的信任和依赖。有一次，服装店的一家分店要装修，店里面需要玻璃，朱老板相信晓艳，便把事情交给她去做。但是晓艳去买玻璃的时候，发现周围一些店卖的玻璃都是300元一平方米的，她觉得这种太贵了。于是找了好几家，终于找到了一家200多元一平方米的玻璃，于是交下了1000元的定金。回去找老板商量进货的事情。

令晓艳没有想到的是老板在无意间发现了一家更加便宜的，老板没有说晓艳什么，只是要她取消原先的预约，改用性价比更高的玻璃。听到老板的命令，晓艳立即觉得心里很不是滋味："我这次节约了1000元多元钱，老板居然还在背地里自己偷偷地找人打听价格，难道是不信任我吗？"没有办法，这件事的确是自己虽然一心想要找一个价格低一些的玻璃店，但是实际上自己还是比老板找的要高一些，自己虽然也想法子取消了，可是商家那边不同意。

晓艳担心老板说她办事能力不强，所以在到了那家店的时候，刻意地在离老板很远的地方给商家打电话恳求，人家总算答应扣除100元勘测费后，退还其余的定金。在后面的装修中，她也开始留意和比较价格。等到公司的事情基本忙得差不多了，老板找到晓艳对她说，公司现在由于某种原因，给了晓艳笔补偿金，让她另谋高就。听到这个结果，晓艳伤心欲绝。

晓艳非常伤心，回家几天都不吃不喝，她觉得自己为公司尽心尽力，但是老板却不信任她，而且开除了她。晓艳的妹妹晓梅听说了之后，主动去找晓艳的老板谈。没想到晓艳的老板却这样说："我从年轻的时候就出来打拼，一直走到现在这个位置，我能够信任的人很少。晓艳能够被提上来，就是我觉得她是一个特别踏实的人。"朱老板继续说，"晓艳的工作能力让我很放心，所以公司的经营、运输、采购等都要交给她去做，对于她我确实也是百分之百的信任。不过，通过这次装修买玻璃的事情，让我对她开始不放心了。"

听到了朱老板的话，晓梅问："为什么呢?"朱老板说："经济问题不能有任何的掩饰。毕竟她基本上可以说掌握了整个公司的命脉，你买贵了玻璃，当面打电话就行啦，为何要避开我跑那么远的地方打电话，然后又回来说人家不愿意取消合同?"晓梅听到后连忙帮姐姐解释说："她是害怕你说她办事能力不强，才会那样做的。"朱老板说："她的举动我不可能放心，让我对她的信任也大打折扣，而且她是掌握公司全部财权的人，这不得不让我产生其他的联想。"事后，晓艳说："我对得起公司，当时采取的办法只是我的处事风格。"

在生活中，人们因为少了沟通而人情之间的冷漠也就此产生。一个人通常只能说出心中的80%，但对方听到的最多只能是60%，听懂的却只有40%，结果在执行时，只有20%。这说明在沟通的过程中，大多数人都是喜欢说而不喜欢听。大多数的情况下，沟通得不彻底，就会产生猜忌。一个不去了解下属、不喜欢交流和沟通的领导，永远都是盲目地在忙自己的工作，眼里看不到问题，耳朵听不到有效的建议。一个下属不通过和领导沟通，永远找不到一个令领导满意的解决工作之道。沟通是避开误解的首要条件，交流是了解的前提。不能沟通的两个人之间，就像筑起了一面高高的厚墙，彼此之间的陌生感就会加重，你看不清对方，对方也不能明白你。

3. 把握好沟通的分寸

> 美国20世纪60年代广告创作革命代表人物之一、广告大师李奥贝纳说:"我倾听每个人讲话并——记录,特别是对业务人员。因为,他们一直最接近人群。"

很多人提到沟通,就认为是要善于说话。其实,职场沟通不仅仅要善于表达自己的观点,还要善于倾听他人的意见。沟通的方式有很多种,可以出来面对面地交谈,可以写邮件、打电话,甚至一个眼神都能成为沟通的手段。很多职场中的新人并不具备较高的沟通能力,所以在还不了解职场环境的情况下,总是容易走两种极端:一种永远都是闭口不说,公司里面的所有交流和讨论似乎都与他无关。如果你是这种人,那么你在工作中,无论你的工作能力如何,你永远都是最平庸的那个。另一种说得过多,总是滔滔不绝地表达自己,根本不听别人的意见。这两种不善于沟通的表现,都会让职场中的人,输在职场的起跑线上。

在职场中,不说和说得过多都是一种错。应该特别注意,在沟通和表达时,把握自己的分寸和沟通的方式。最好的沟通形式是和同事形成互动,用一种开放交流的方式让每一个人都能参与进来,这是职场沟通的最佳效果。沉默不是金,职场中的人要积极地参与到企业的交流之中。作为员工,我们要锻炼自己这种沟通的品质。在平时的工作中,要注意表达自己的意见,要积极地参与讨论。这样不仅仅可以更好地领会工作的重点,熟悉工作任务,能够及时地改善自己的工作方法,同时还能够促进团队的合作。

宋明明是一家公司的技术人员，在软件的技术开发上面，他有着丰富的理论知识。有一次，公司展开了一场软件技术开发的研讨会。在研讨会开始时，总体气氛还是比较融洽的，每个人都充分表达了自己的软件技术的理论知识，并和老板说明了一下自己开发充分的前景。本来一切都很和谐的氛围，忽然被宋明明给搅乱了。

宋明明在软件的某种技术上是专家，在探讨到自己擅长的领域时，他显得十分兴奋，滔滔不绝，其他与会者发表意见时常常被他打断，整个会场只有他一人口若悬河地发表意见，老板和其他的人几次想要打断他，但是很无奈，他十分健谈，并没有注意到其他人的反应。宋明明的这一表现，引起了大家的不满，研讨会在很尴尬的气氛中草草结束。

研讨会以后，宋明明以为这次的软件技术开发项目会交给自己，没有想到老板并没有这样做，而是将这个项目交给了另一个同事，同事在这方面远远没有宋明明有能力。他一直不明白为什么自己的能力强，但是却没有受到老板的重用。每一次研讨会老板都好像故意地压制自己，尽量让别人发表意见，于是他气愤地找到老板，并要求老板能够给自己一个合理的解释，老板说："认真倾听别人的意见，虽是细枝末节，但却能体现你的谦逊，有教养，能展现你的素质。只愿意说而不愿意听，是一种贪婪的品格。"听到老板的话，宋明明羞愧地低下了头。

古希腊先哲苏格拉底说："上天赐人以两耳两目，但只有一口，欲使其多闻多见而少言。"寥寥数语，形象而深刻地说明了听的重要性。人与人之间需要沟通、交流、协作、共事，是否善于倾听，不仅体现着一个人的道德修养水准，还关系到能否与他人建立起一种正常和谐的人际关系。企业的员工要训练自己沟通的技巧，在别人阐述自己的工作时，你要不仅仅听到对方说话的内容，还要积极地感受到他的立场和情绪，同时，还要有效地倾听对方发出的重要信号。

在平时的工作中要多关心自己的老板和同事，关心自己团队的成员。也许你并不具备富有技巧的倾听者，但是，只要你集中注意力，聚精会神地去听，就能够掌握对方表达的重点。倾听的过程中，要注意对方的眼睛和对方的语气，不要急于打断对方，迫不及待地阐述自己的意见。不急于下结论，听完后能够仔细地斟酌，然后积极地给予反馈。当然，这种反馈并不是对对方的意见进行批判，而是表达你理解了对方的话，并且正在思考和做出答复。

4. 带着方案去沟通，有"备"才能"无患"

> 凡是重要工作，必须要做计划；凡是计划，必须要量化；凡是量化，必须按时完成；凡是完成，必须要提交结果；凡是不能提交结果，都必须做出合理解释；凡是不能做出合理解释，都必须接受惩罚。

沟通不仅仅代表着善于在工作中提出问题，还具备善于解决问题的能力。这个世界上最不缺少的就是提出问题的人，而是缺少解决问题的人。很多员工也许在工作中能够发现公司存在的问题，但是多数人选择只顾发表自己的见解，喋喋不休地说了半天，最后却发现于事无补。还给人留下一种"唯恐天下不乱"的感觉。只有少数人，能够在这个紧急的时刻，带着自己的具体方案去解决问题，同时得到被老板委以重任的珍贵的机会。

很多人在工作中很有能力，但是却不具备沟通的能力。他们只是空有满腹的才华，但是却不能放开自己的眼光，磨炼深邃的洞察力和敏锐的分析判断力。要时刻抓住机会，及时地把公司的问题找出来，然后能够想老板之所想，急老板之所急。当出现了问题的时候，不是空泛议论，而是应该拿出具体的解决方案。当你不能在这紧要关头拿出实质的方案，升职和加薪的机会自然不会垂青于你。

卢琳是一家销售公司的职员，平时工作很认真，由于她工作的能力强，刚刚工作半年就被提升为销售部的主管了。卢琳在工作上很认真，平时老板也十分器重她。最近，公司的产品出现了滞销的状态，很多产品都积压在仓库里，多数的员工都在办公室喋喋不休地议论着。卢琳和手下的职员沟通，希望他们能够说说自己的看法，并提出具体的解决方案，结果前一秒钟还在讨论的员工们，听到解决方案，没有一个能够具体地提出建议。

卢琳灰心地回到自己的办公室，她拿出了最近产品销售单，并查询了市场的需求，决定应该首先派一些人做市场调查，然后，改良产品的包装，提高产品的质量。最好是由本公司的职员能够亲自送货上门，最近一个月内，为了能够打开市场，她觉得公司应该采取直销和推销的两种政策，部分产品应该采取促销的活动。

想到这些，她将自己的想法做了一个表格。然后带着自己的方案，走进老板的办公室。她用了将近半小时的时间，向老板陈述并详细地说明了自己的方案。老板看到卢琳如此有想法，于是采用了她的方案，果然在3个月后，不仅仅改善了产品的滞销状态，而且销售的产品分别在几个城市中呈现供不应求的状态。老板直接提升卢琳为副经理，并让她管理销售部的全部工作。

在职场中，最重要的就是有效的沟通，而不是泛泛而谈。具体的解决方案，不但能够赢得尊重，更能够使你得到老板的认可和赏识，有的时候还会让老板对你心存感激。你所提供的方案不但要具体，还一定要完备和可行。如果你准备得不够充分，就很容易暴露自己的缺点，痛失良机。在职场中，既然做了工作就要做到最好，如果不能够做好，还不如不做。在制订自己的方案时，要多花些时间，充分地进行准备，这样不仅仅可以让老板一目了然，省去老板的时间，而且也方便老板能够做出决策；否则只会给老板留下浮躁、好高骛远的印象。

5. 胸怀大局，不要报喜不报忧

> 高尔基说："走正直诚实的生活道路，必定会有一个问心无愧的归宿。"

有人说，"喜欢听喜讯，不喜欢听问题是人类的共性。可是，危机、隐患并不因为你隐瞒了就不会暴露出来。"这句话说得十分有道理，在职场中，千万不要做那种报喜不报忧的员工。一个员工，要敢于把潜藏的危机揭露出来，使其得到提前的遏制和预防，如果危机已经爆发了，就要坦诚面对，争取大家团结一致早日解决。现在有些人说，报喜不报忧是成功者的通行证，其实，这是在歪曲事实。我们在尊重需求的情况下，是不是也应该尊重一下现实需求呢？

一个人在职场中要及时地沟通，这是一种比能力更能够让你在职场中赢得一席之地的原因。在职场上，报忧报喜有利有弊，首先报喜能够鼓舞士气，为企业的员工树立信心。我们应该乐观地看待工作中出现的问题，力争给公司带来更多的喜讯，而不是无休止地在那儿发愁、犯难，说一些打击大家积极性的话及时地报忧，能够避免重大的损失。公司在危机面前的生死存亡很有可能就取决于对危机的处理是否得当。作为公司的员工，不仅要有不断拼搏奋斗的精神，更要有强烈的忧患意识。

赵冰是一家医疗器械生产公司普通的一线员工,有一次,他根据自己的经验,发现公司从别的厂家购进监护仪配件血氧探头有问题。于是,他把情况向生产主管王权汇报了。两天后,总经理来生产部门视察,总经理问身边一起跟随的主管王权:"有没有问题?"主管王权想都没想就说:"没有问题!"然后拍着胸脯和总经理说:"到时候绝对按时交出合格的产品。"

听到王权的保证,在一旁的赵冰着急了,插嘴道:"这批仪器的血氧探头有问题,客户是一定不会接受的。"主管王权瞪了赵冰一眼,并转头向总经理赔笑道:"这些产品验收都是合格的。凭我这么多年的经验,您难道还不相信我吗?"

半个月后,成品监护仪交给客户,当客户验收时发现了血氧探头有问题,测出的血氧值偏高,不能准确地反映病人的身体状况,还可能造成医疗事故。这个时候很多客户纷纷要求退货,营销的人员着急了,直接闹到了总经理那里去了。总经理大怒,直接冲到生产部门找主管王权。经过了几天的调查和取证,公司发现这批血氧探头是生产主管王权勾结采购人员拿了厂家回扣而购进的劣质产品。

就这样,生产主管王权不仅承担全部损失和赔偿,还被开除了。总经理在提拔新主管时,并没有选择那些富有经验、能力十足的老员工,而是选择提拔了赵冰,因为他敢于说真话,不会误事。

对于企业中的一些工作,作为一名优秀的员工,一定要养成实事求是的态度和诚实的习惯。对于领导的汇报,既要有喜,也要有忧。既不应该一味地夸大自己的成绩,也不要对自己的缺点一概不提。在企业中,一个诚实的、有责任感的员工,在向企业领导汇报的时候,应该采取实事求是的沟通态度。这不仅仅有助于树立良好的职业道德,也有助于自身企业的长期发展。另外，作为员工，在报喜的时候不仅仅要知道老板高兴在哪里，还要知道报忧时，要详细地找出问题的原因所在，并对问题进行深入的分析，还能够给出解决问题的具体建议，只有这样，你才能为企业做出贡献，并得到老板的赏识。

6. 做到用心去沟通

> 列夫·托尔斯泰说："与人交谈一次，往往比多年闭门劳作更能启发心智。思想必定是在与人交往中产生，而在孤独中进行加工和表达。"

沟通从"心"开始，是移动公司一句经典的广告词，之所以说它经典，就在于一个"心"字。人与人之间的沟通方式有很多，在职场中，同事之间的书信、邮件、集体活动或者直接的交谈，可以说沟通无处不在。但是真正能够加深沟通的效果，使得问题能够得到妥善解决，都必须做到用"心"去沟通。沟通是职场中必须具备的一种能力，在与人沟通的时候，需要体会到对方的感受，考虑到对方的性格和心理承受能力，这些不都是从"心"开始的吗？

正确的沟通是打造高效团队的前提。如果在一个单位中，每个人都不主动沟通，甚至缺乏沟通，大家就不会主动地发现问题，消极对待，所有的人都"各人自扫门前雪，不管他人瓦上霜"，抱着无所谓的态度。这就好比一个车轮，每个人都朝着自己想的方向去拉，行动不一致，这个车轮没有团结的合力，就永远都不可能前进，甚至会倒退职场中的员工，遇到问题的时候，只有将问题摆出来，团队之间进行充分的沟通，达到目标一致，形成团队的默契，才是一个有力量、有战斗力的优秀团队。

佳佳是一个先天失聪的女孩子，虽然工作能力还不错，但是由于自身缺陷的原因，她很少和大家沟通，平时她只能靠电子耳蜗与外界进行简单地交流。在佳佳要分到人力资源部工作的时候，主管杨梅先给员工们回忆了一遍海伦·凯勒的故事，然后说咱们部门也即将进来一个像海伦·凯勒一样的女孩佳佳时，没有人再用异样的眼光看佳佳了，佳佳和同事们之间的相处也变得自然很多。

工作中每当遇到了什么难题的时候，大家都会主动过去帮忙。每当佳佳在工作上做出了一些成绩的时候，同事们就对她竖起大拇指，并称赞她说："佳佳，你真棒！"渐渐地，佳佳的性格也变得开朗起来，有什么问题都敢于主动找同事帮忙解决，公司的氛围变得很温馨，形成了一种团结友爱的良性循环。

佳佳因为和同事之间用真心去沟通，加上她本身的能力并不弱，没用几个月的时间，她便成为了公司的优秀员工。在大会上，她开心地用并不是很清晰的语言和大家分享她的成功秘诀："我很高兴能够成为本公司人力资源部的一员，因为同事们的帮助和大家用心的交流和沟通，我逐渐地赶上了大家的步伐。感谢所有人的帮助，在这里工作，我感受到了温暖，而且也获得了自身的提升，谢谢你们。"

台下响起了雷鸣般的掌声，佳佳在掌声中露出了灿烂的笑容。人力资源部也因为工作的绩效突出，成为公司的优秀部门。大家集体都受到了公司的奖励，并且每个人都得到了自己应该得到的奖金。

沟通在企业中具有着举足轻重的作用，用心聆听、用心沟通的作风，是一个企业茁壮成长的助力，企业的内部需要不断地成熟和完善，才能够造就企业的品牌形象。企业中的员工每一次的用心沟通都是在给企业营造这样的氛围，并让企业形成强有力的文化。沟通就是用心交流,是一件很普通平常的事情,但却是一件很不简单的事情。沟通是一门学科,也是一门艺术,不同的沟通能够形成不同的企业文化和沟通文化。培养自己的沟通品质,你才能在企业中处于屹立不倒的地位。

7. 充分沟通,理解对方意图

> 沟通能够拉近彼此之间的距离,让一切含糊不清的言辞都变得异常清晰。工作中不要不懂装懂,更不要在没有领会老板真正的意图时,就机械地去执行其指令,有效沟通能够让你在职场中收获良多。

作为一个员工,正确地领会老板的意图是很重要的,这是正确地完成工作任务过程中不可缺少的一个重要的环节。在职场中,可以说不同的老板有不同的习惯,说话也有各自不同的特点。有的老板说话很详细、很直接,也很简单,有的老板则委婉、复杂。当老板交给你的任务,你并不是很懂的时候,你就需要有一个善于沟通品质。如果你没有正确地理解老板的真实意图,就不能完成老板交代给自己的任务,也不能让老板期望出现的结果得以实现。

在现实的工作中,很多员工都自认为很高明,不懂装懂。这样的工作结果就是将工作变得更加糟糕,到头来出力不讨好。要做到更好地服从老板的安排,领会老板的意图,就需要下属能够跟上老板的思维,洞悉老板的真实想法,而不是机械地去完成老板交代下来的每个详细的指令。这就要做到有效的沟通,让自己能够真正地理解老板的意图,知道什怎么样做才是有利于完成任务的行动。

萌萌是一个办公室文员,她的工作勤勤恳恳。公司的大小事务老板都喜欢交给她去处理,她每次都能出色地完成任务,为此,她深得老板的赏识。在与萌萌闲聊的时候,老板时常对她说"在这些员工当中,我最信赖的就是你"之类的话。

能得到老板的肯定,萌萌感到平时的努力也是值得的。不过让萌萌略微感到遗憾的是,她从来没有因为老板对自己的信任而亲身体验过一次当公司主人的滋味。一次,老板要到外地进行谈判,临行时,他对萌萌说:"这里的一切就都托付给你了。"萌萌想,机会终于来了。

在老板离开公司的第二天,有一位客户来访,咨询该公司是否要举行一次产品优惠促销活动。这次的活动对于公司来说,是一次重要的活动。作为老板身边的文员,萌萌应该将这件事报告给老板,然后再做决定,但是她突然想起了老板离开公司时对她说过的那些话,并且老板也没有为此做过详细的布置与安排。

萌萌本应向老板汇报、请示的,但是她没有,而是自行处理了这件事。这件事被公司的主管知道了,立马通知了在外的老板。老板得知后,立即取消了商务谈判,匆忙赶回公司。当萌萌再次见到老板时,老板一脸怒色,这次,她没能得到老板的夸奖,反而被老板辞退了。

在大多数的情况下,老板的话都是不能简单地从字面上去理解的,特别是一些重要的任务,尤其需要我们仔细地琢磨。就像文中的萌萌,虽然老板说过"公司里的一切都托付给你了"这样的话,但是很明显老板没有让她行使老板的权力,而是告诉她,公司里发生了什么事,你都要通知我。也许老板只是让她好好工作,留意其他员工的表现等,但是萌萌却误解为老板让自己一切做主。这种理解的偏差就是没有好好沟通的缘故。

有人说员工分三种:一种是既能理解领会老板意图,又能表达老板意图;一种是能够理解老板意图,但表达不出来,反映不出来;还有一种是不能理解、甚至曲解老板意图。每个员工要当好老板的参谋和助手,就要力争做第一种类型的人，杜绝成为第三种类型的人。要做到领悟老板的真实意图，就需要了解你的老板，还要善于捕捉老板的弦外之音。

不管我们正在从事哪一种职业，身居何种职位，我们都要了解沟通对于我们的重要性。我们在理解老板的意图时不能生搬硬套，要拓宽思维渠道，不断积累经验。如果我们不善于领会老板的意图，那就肯定不会成老板器重的员工。在干中学，在学中干，我们要努力地学习，正确地领会老板的意图，做一个合格的参谋助手。

8. 真诚是沟通中的"先锋官"

> 表里不一只会换来虚假的谎言，对人坦诚相待才能够换来真诚的沟通。可以说，真诚是彼此之间沟通的根本。

在职场中，同事之间的关系是很微妙的，比不上朋友，却又胜于陌生人。同事之间彼此存在着相互合作，同时又避免不了相互竞争。在平日的接触中，难免会有一些摩擦，但是办公室里始终保持着表面上的风平浪静，内地里也许是风起云涌。要在办公室中交到真心的朋友固然是困难的，也就是说大家彼此之间的沟通也是困难的。但是在职场中，沟通又是不能缺少的，如此一来，唯有以一颗真诚的心才能获得对方的"坦诚相见"。

小菲和小张是同一所大学的毕业生，毕业后两个人都在一家企业做销售。在小张工作之后，每天总是对人笑脸相迎，说着客气的话，也从不与人当面顶撞或者发生矛盾。在外面面对顾客的时候，小张也总是尽量挑好听的话讲，因此在公司之中大家都知道小张会说话。

相比之下，小菲做人却没有那么圆滑，甚至还有一些固执己见。平时小菲为人还是比较随和的，但是在工作之中，敢于提出自己的意见，甚至敢于和老板顶撞。即使在和客户商讨的过程之中，小菲也不如小张那样去讨好客户。

然而，每年年底的业绩会上，小菲的业绩却总是高出小张一截。这让小张百思不得其解。开始的时候小张拐弯抹角地试探小菲，却都不得其法，最后只好直接向小菲问起。

小菲听了小张的问题，先是笑得不行，然后郑重其事地告诉小张："我没有太多的能耐，就是实在。"原来，小菲虽然会和老板顶撞，但是确实是为了公司考虑，如果确实是自己错了也会真心实意地向老板道歉，在这顶撞与道歉之间，小菲就已经和老板建立了真诚而良好的沟通关系。在办公室的时候，小菲和人交往不虚假，大家都知道小菲这个人很真诚，和她在一起有时不用藏着掖着，也不用装出假笑。所以每个人都感觉和小菲在一起很轻松，彼此之间的沟通交往很轻松。对于顾客来讲，小菲是一个真诚的人，说的话让他们觉得更加可信，沟通起来也更加方便。这就是小菲成功的秘诀。

每个人都不是傻子，都能够分得出来谁对自己真诚。对人真诚，人往往用真诚回报，对人虚假，得到的可能也只是虚假。每一个人从心里都希望别人跟自己是以诚相待的。因此，拥有真诚的品质有的时候比学习交际能力更为重要。

在工作当中，我们应该让真诚成为我们沟通中的"先锋官"，用真诚去打动别人，用真诚去表现自己。只有这样，沟通才会更加容易，人与人之间的关系，也才更加和谐与团结。

真正聪明的人，会了解到，只有真诚才能换来别人的真心和帮助，也只有真诚，才能够让人互相沟通合作，共渡难关。

9. 沟通能够让你及时调整工作策略

> 2012年中国上市公司最佳董事会秘书熊鹰说:"董事会秘书要不断完善与投资者关系的工作,心系股东利益,整个团队要耐心、详尽地与投资者沟通,并根据市场情况及时调整投资者关系管理策略。"

沟通是职场人士不可或缺的能力,也是一种优秀的品质。沟通的目的不是要证明谁是谁非,也不是你输我赢的游戏。沟通是为了保证在工作中,能够有效地交流、和平地分享,并让我们通过沟通了解工作的价值,以便有效地解决工作中遇到的问题。很多人在工作中有了疑虑或者困难,都因为不能及时地沟通而影响到工作的效率。道法自然,人法变通。在工作中,各种问题层出不穷,如果一味地因循守旧、不知变通,在工作中就不能解决任何问题。

沟通就是要年轻人在工作中,"撞到了南墙"能够主动回头。或者是在没有撞到南墙的时候,听一下工作中的前辈们的意见,减少一些不必要的失误,少走弯路。每个人在工作中都有自己的难处,有些时候你的难处需要及时地沟通,有效地表达出来。如果你不说,别人也不可能知道你有难处,那么,无论你怎样抱怨,都不能改变现状。在工作中,你要把每一次别人失败的教训和自己失败的经历记下来,总结一下为何会造成这样的结果。找到方法去解决,如何沟通,如何表达。其实是得到了他人的指点,一定要及时地做出调整,千万不要"一条道走到黑"。

小张和小王是大学同学,大学毕业后,一起进入了一家公司,小张是一个性格开朗外向的男孩子,他爱说爱笑,小王则是那种偏内向、沉默寡言的男生。平时的公司例会，小张由于很善于沟通，常常在大家面前侃侃而谈，赢得了大家对他的一致好评。而小王一直都是低头默默地记着自己的工作笔记。

一次，经理让小张周六加班，说有些活没干完，需要急忙赶出来。小张一听要加班，急忙跟经理说："经理，这周六我参加歌手大赛，你看看能不能找别人试试，要是不行的话，我就放弃比赛，回来加班。"经理一听小张的话，个人比赛不能不参加啊，而且为了公司还要放弃比赛。经理很高兴，于是说："不要了，比赛也很重要，难得有这个机会，你努力准备吧，我再看看小王能否加班。"

经理找到了小王，说了一下事情的经过，小王本来认为这项任务就有难度，他没有和经理沟通，主要还是担心自己说出原因，经理会生气，于是就憋着不说，先答应了下来。结果一时间又找不到好的办法，只能是硬着头皮赶工。

在工作中遇到了问题，周六没有人上班，小王有不好意思打扰同事休息，一个人把自己闷在办公室里，一直在研究工作。结果到了下午，才弄出一点眉目出来，这个时候经理急忙地打进了电话说："小王，你把工作做完了吧。现在在线传给我。"小王支支吾吾地说："还没有弄好呢！"经理很生气地说："工作对你有难度吗？如果有难度，为什么不早点说，我可以找别人啊，你现在才说，时间上根本来不及。今天还是周末休息，你让我给谁打电话收拾烂摊子啊？"听到经理的指责，小王抱歉地说不出话来。

很多人在工作中总是能够遇到文中小王的情况，但是却不懂得及时沟通，造成了"骑虎难下"的窘境。有些时候在工作中，即便是自己有难处，不方便语言表达，但是哪怕仅仅是一个眼神、一个手势，这些都是沟通的手段。及时的沟通不仅仅能够让你在工作中少走弯路，而且有的时候也能让你最快地调整自己的工作策略。沟通在工作中可见是多么地重要，有些人因为能力强，但是却不能及时地进行沟通，而错失了很多机会。也有些人因为能力不足，但是却能够及时地沟通，在工作中得到了很大的提升。

第十一章

忠诚：不是从一而终，而是职业道德

智慧和经验是金子，比金子更珍贵的则是忠诚。忠诚是职场中必备的一种优秀品质之一，无论你在职场中有多大的能力，有多么丰富的工作经验，如果你不是一个具备忠诚这种优秀品质的人，你仍然不能算是一个优秀的员工。工作单位很有可能会开除一个有能力的员工，但是对于忠心耿耿的人，不会有任何老板愿意让他走。他会成为单位这个铁打营盘中最长久的战士，而且是最有发展前景的员工。忠诚是我们每个人应该具备的基本品质和职业素养，忠诚于自己的职守，忠诚于自己服务的公司，忠诚于自己的领导，这是热爱工作的最高境界。

1. 想尽办法为公司创造收益

> 能够为公司的经济利益效劳是员工义不容辞的责任,能够努力工作使公司的财富增值,是员工的天职。

在企业中,员工都应该具备一个简单而又重要的观念,那就是全力以赴为公司创造价值。你可以试想一下,如果你的老板给你拨了一笔资金让你去经营一个项目,你能否保证让这些资金在你的手里增值。至少你不应该让这些资金在你的手里有去无回。这个时候吃再多的苦,作为员工你也要为公司创效益。你必须知道信念的力量是巨大的,如果你能始终把公司的经济效益放在心上,相信你就能够不断克服困难,实现既定的目标。

许俊勋是一家公司的管理人员,公司最近的一些新产品上市,但是销量并不是很乐观。以前的一些产品上市,短期内便可回收资金,但是新产品上市已经很长一段时间了,仍然是无人问津。为了能够让公司的新产品走进大众的视野,公司也试过电视广告和其他的一些宣传方法,甚至低价促销,但是这些方法都无力回天。

面对这种情况,老板也是很着急。许俊勋将这件事看作是自己的事情一样,一直在竭尽全力地挽救。他首先想到了产品的外包装可能不是很吸引顾客,另外虽然宣传了,但是没有起到实质性的作用。于是许俊勋又找到了自己的几位朋友帮忙,在书店、餐厅、游乐场显眼的地方都摆放自己公司的新产品,还和一些公司签订了一份公司员工奖品的合同。负责为许多家公司的年、节假日发奖品和奖金提供产品。

此时，产品不再是一幅画面，而是以具体的实物走进人民的生活的时候，公司里面的产品终于火爆起来。许俊勋的努力让公司的新产品销量比往年别的产品销量的总和还多了2倍，公司的利益得到了维护，同时公司在经济能力方面也大大地提高了。老板为了奖励许俊勋，将他提升为副总经理，并且月薪也涨了2倍多。

如果说一个员工的天职就是为企业获取经济利益，那么积极的思考，就是公司致富的有力武器。一个员工如果能够明确对公司盈亏所负的责任，就会自然而然地注意到生活中的各种商机。对于这些所谓的机会，实际上只需要开动脑筋，你就会有所行动，也就会有所收获。通过积极的思考带来更大的财富，这是毋庸置疑的。

为了能够加强你的责任心，不妨在你的家里能够看得到的地方，多处提醒自己"我要成为为公司创造最多收益的人"。当这句话出现在你的笔记本或者其他的方面，那么为公司创造更多的价值，创造一个好的业绩就不是一件困难的事情了。如果你想在竞争激烈的职场中有所发展，成为老板器重的人物，就必须牢记为公司创造价值才是最重要的。

2. 时刻注意维护公司的利益和形象

> 企业的良好声誉就像自己的名片一样，在企业中，员工个人的职业理想、价值观和社会地位密不可分，如果每一个人都能爱护自己的家庭，珍惜自己企业的名誉，自己的个人价值就能够得到很好的保护。

在企业的内部，每一位员工都必须做到一切以企业的利益为重，坚决维护企业的利益。公司的利益是实现个人利益的基础，公司的利益与个人利益并不矛盾，而且还是紧密相连、相辅相成的。作为一个员工，不要忘了自己的角色，你需要为自己的公司争取利益，而不是毁坏或者诋毁他的形象和利益。当一个员工把公司的利益视为第一位的时候，在任何情况下，他都不会以公司的名义去谋私利，在任何时候，他都会保守公司的商业机密，绝对不会出卖公司的利益。当一个员工不去为了工资的高低而对自己的工作敷衍了事，不会对自己的工作任务有任何的怨言，并且能够全力以赴地去工作的时候，他就会获得了老板的信任，也就实现了自己的个人价值。

作为企业中一名合格的员工，你需要为自己的公司争取利益，而不是为你自己争利益。如果自己的个人利益和公司的整体利益冲突的时候，你一定要把公司的利益放在首位。有的时候你也许因为一点诱惑而放弃了自己的原则，一旦有了这一次，你将会再也回不了头，变得骑虎难下。为了一己的私利，不顾公司的利益，将公司的商业机密出卖给别人。同时你也毁坏了自己的道德和利益，你也不会受到任何企业的重用。

张朝刚是一家金属冶炼厂的技术骨干，由于张朝刚的工作能力和工厂在行业上的影响力，很多公司都来挖过他，只是都没有成功。这一次，公司派张朝刚离开公司技术科，去别的方向搞探测。张朝刚内心很不满，一直都不愿意离开自己的岗位，所以和主管之间发生了点不愉快。很多公司都认为这是邀请他的绝佳机会。有的公司都给出了张朝刚很高的条件，但是张朝刚在生气之余的确也想一走了之。但是觉得在这些高条件的背后，一定隐藏着另外一些东西，因为一些优厚的报酬，自己肯定需要放弃一些自己的原则，为此，张朝刚拒绝了很多家公司的邀请。

有一家全国比较出名的金属冶炼公司想要聘用张朝刚，当时负责面试张朝刚的是这家公司负责技术的副总经理。他对于张朝刚的能力没有任何挑剔，但是却向他提出了一个让张朝刚很失望的问题："我们很高兴你能够加入我们的公司，你的资历和能力都是非常的出色的，况且我们公司也正在研究这门新技术，请问，你能够把你们厂家的研究进展情况和取得的成果告诉我们吗？"

接着，这位副总经理说："你知道这对我们公司意味着什么吗？当然这也是我们能够聘请你的原因。"张朝刚毫不掩饰地说："你的问题让我十分失望，看来市场竞争确实是需要一些手段，但是我不能答应你的要求，因为我有责任忠诚于我的企业，尽管我真的打算离开它。但是任何的时候我都不会这样做，因为信守忠诚比获得一份工作重要得多。"站在张朝刚身后的一些人都为他的回答感到惋惜。因为这家企业的影响力和实力都要胜于张朝刚以前的公司。很多人都梦寐以求地想要进入这家公司工作，但是张朝刚却放弃了这次机会。

就在张朝刚打算去另外一家企业面试的时候，那位面试他的副总经理给张朝刚来了一封信，在信上他这样说道："年轻人，你被录取了，并且做的是我的助手，不仅仅是因为你的能力，更因为你的忠诚。"

员工是企业的代言人，从某种程度上讲，员工的形象就代表了企业的形象。任何一位员工在任何时候都不能做有损企业利益和形象的事情，这也是一个合格员工最基本的责任。一个肌体的变坏往往是从细胞开始的，一个细胞的变质往往是从一次微不足道的纰漏开始的。每一个员工都相当于企业的细胞，如果你不去维护自己的企业，任由自己被诱惑所迷惑，那么最后连带你的企业和你将会一起坏掉。一旦你加入了某个集体，你们的命运就与其紧密地联在了一起，集体的兴衰荣辱也就是你的兴衰荣辱。

3. 你为公司构想未来，公司为你创造未来

> 美国的汤姆·巴迪曾说："如果'革新'就能延续企业的寿命，那么我们的目标就再明确不过。只要看一看目前已经相当普遍化的日本企业的革新运动所走过的道路，我们就能得到颇有意义的启示。70年代后期，从正常的经营活动中走出来，脱胎换骨，主动向旧观念挑战的企业中，成功率竟达到71.4%。"

能够维持一个公司正常运转和生存发展的不是老板一个人的事情，而是公司所有员工和老板共同努力的结果。很多优秀的公司在一夜之间轰然倒塌，也有一些公司从辉煌慢慢地走向了衰落。其实，这一切都是老板和员工是否尽职尽责的缘故。员工在企业中的作用可谓是非常大的，毕竟公司是老板自己开的，他会很珍惜，但是员工们拿的却是老板发的工资，所以很多人并不考虑公司的发展和生存。很多老板在创建公司的时候，能够时刻关注公司的生存和发展，不仅仅想到企业的今天，还会积极地筹划着企业的明天，但是一般的员工觉得这些和自己没有任何的关系。

如果在企业中工作的员工都能以老板的标准来严格要求自己，不仅仅能够把公司的事情当作自己的事情来做，还能够主动地为公司负责任，更能够把公司的发展和生存视为自己的第一要务，这样的员工才是高标准的员工，才是企业最需要的员工。曾经很多世界百家大企业生存了几十年后就不见踪影了，人们常常说企业也是有寿命的，其实，这就是对企业敲响的警钟。公司的发展和生存其实并不是一件简单的事情，

第十一章·忠诚：不是从一而终，而是职业道德

在企业中工作不仅仅要想到今天的工作，还要以公司未来的生存和发展为理念。

特里弗莱是一家公司的创意策划组的职员，由于公司最近经营的广告都被顾客冠以"老套、刻板"的形象，所以公司最近经营惨淡。面对这样的情况，老板很着急，特里弗莱更加着急。为此，在别的员工已经下班后，他仍然将那些顾客投诉或者不喜欢的广告图拿来，然后自己坐在那里，慢慢地改了起来。同事吉尔伯特在下班的时候看到特里弗莱还在工作，就劝慰他说："咱们公司看来是气数已尽，你还是早点给自己做个打算吧！"特里弗莱看到吉尔伯特这样说，摇摇头说："公司和自己的家是一样的，你这样诅咒它对你有什么好处？"听到特里弗莱的反问，吉尔伯特觉得他简直就是不知好歹。

特里弗莱改变了广告创意的策划，由以前的温和路线开始转由流行时尚元素，并采用了一语双关、谐音等语言手法，仅用了半个月的时间将以前的广告创意进行了修改，结果投放到市场上很走俏，一时间引来了很多的商家都要和公司签约，启用公司最新出品的广告创意，还有一些富有创意性的广告图纸设计。由于特里弗莱的努力，公司不仅仅成功地渡过了难关，生存了下来，而且公司还有了进一步的发展。

先前离开公司的很多员工都非常后悔，尤其是吉尔伯特。他找到特里弗莱，真诚地向他道歉，而且希望自己能够重新加入公司工作。特里弗莱也因此受到了公司的重视，成为了公司里面仅次于老板的管理人员。

能够为了公司的生存努力，并且做到创新，能够以最快的速度占领市场，这些事情可不仅仅是老板的事情，同时也是员工的事情。企业的革新不是老板做，你只需要跟着就行的，而是老板从员

工那些技术领域的创新意见中得出来的。想要成为一名优秀的员工，仅仅做到承担本岗位的责任是远远不够的，一个公司在技术和管理上的完美程度，其实是员工和老板共同完成的。你如果想为公司尽力的话，就应该为公司的改进多做些工作，并且希望那些旧的制度和不符合发展的规定从此消失。

4. 别因一点小利益而毁了你的大前途

> 车尔尼雪夫斯基说："只有抗拒诱惑，你才有更多的机会做出高尚的行为来。"人不应该为了荣华和虚名给自己招来危险，要时刻保持清醒的头脑。

来自现实生活中的诱惑太多，尤其是现在的社会，金钱和物质的欲望膨胀，很多公司为了能够挖到人才，不惜用高金聘请或者挖那些其他公司里面具有潜力的员工来为自己服务。一些人在各种诱惑下，迷失了自己。诱惑让一些人背叛了自己的职业操守，放弃了自己的职业操守、道德和情感。每个人在职场中都应该有自己的原则，不能为了一己的私利就不顾老板和企业的利益，将自己企业的商业机密出卖给别人。虽然这样做你可以获得短期的利益丰厚，但是长此以往，毁坏的是你自己的职业声誉和前途。任何一家公司都不会自动反险，找一个叛徒作为自己公司的员工。

一个聪明的人不会让自己因为眼前的一点小利益就以未来的大机会来换取，更不会在诱惑的面前盲目跳槽。要知道，坚持和忠诚是一个人最好的工作机遇，你只要守住自己的原则，就一定能够获得职场的成功。很多人的小心思都来源于"这山望着那山高"，这样的结果就会导致你无法专注于事业。当一个人不能够抵挡住来自眼前的诱惑时，往往最后吃亏的是自己。人在职场中，一定要恪守职业道德，千万不要往自己喝的水里吐唾沫，这样做会损害很多人的利益，最后让自己成为有名的职场道德败坏者。

小桃是一家私立学校的英语教师，因为教学方法上面的一些问题和校长之间产生了一些小纷争，在工作中，校长一直刁难小桃。小桃起初没有说什么，但是犟脾气却让她没有任何的悔改，依旧是和校长对着干，时常流露出不服气的样子。校长对这种不听话的下属很不满意，所以找了一个借口辞退了小桃，但是却没有把小桃的工资发给她。

小桃找了校长好几次，都没有要到自己的工资。这件事恰巧被当地的另一家英语学校知道了，那个学校的张校长说："小桃老师，你可以到我们学校当老师，我们学校正好缺少一个像你这样优秀的老师。"听了张校长的话，小桃很高兴。张校长说："你们那个王校长我太熟悉了，他人品本来就非常差。你来我们学校，他每个月给你多少工资，我给你双倍。"听到张校长要高薪聘请自己，小桃心里面乐开了花，马上就答应了张校长的合作。

刚刚上班前三个月，一切都正常，小桃接了一些大班，教一些比较有难度的英语。三个月后，面临着春季的第一次开班，张校长想要凭借着小桃的新派教学法打击王校长学校的招生率。果然，小桃出色的表现真的给王校长的英语学校以重创。后来张校长拿出5万元钱给小桃说："小桃老师，你的新派教学法果然很优秀，你能不能把你以前学到的方法来培养一下咱们学校的老师？"听到张校长的询问，小桃立马将自己的头摇得像拨浪鼓一样，她急忙说："本来我跳槽到您这里就已经是很不道德的了，这也是我打击王校长扣押我工资不还的手段。但是这新派教学法大部分其实都是王校长的功劳，我不能为了这点钱就这么不道德。"

看到小桃拒绝了自己,张校长微笑着点点头说:"我一直以为你和王校长之间发生了矛盾,就会不顾一切地打击他,没想到你是这样的一个人。你值得我们全体老师敬重。"小桃不好意思地低下头,然后说:"你们学校的教学方法其实也是不错的。"张校长说:"面对像你这样有职业道德的人,我怎么会保留我的方法呢?咱们明天就开始培训新课程。"

在职场中,每个人都应该有自己的职业道德。不要因为个人的仇怨或者一点小利益就出卖自己的人格。能够在金钱及利益的面前抵制住诱惑的人,是一个能够成就大事业的人。在职场中,给自己理智地定位是非常重要的,不要因为金钱就毁了自己的发展前途,要不断地提升自己的职业道德。在社会生活中,我们每个人都会面临来自外界的各种诱惑。坚定自己的职业目标,在诱惑的面前一定要三思而后行,最重要的是你需要全力地维护公司和老板的最大利益。

有人说:"忠诚是对事业负责的动力。"作为一个真正高层次的员工,忠诚应该体现在以企业利益为主的全方位考虑中,社会保持组织优势的根本基础是员工的忠诚。面对诱惑的时候,优秀的你一定要经得住考验。

5. 成为让老板放心的员工

> 《财富》的专栏作家托马斯·A. 斯蒂文指出:"一个顾客决定是忠诚还是背叛都是由在你公司的一系列遭遇的总和构成的,而你的员工恰好控制着这些小遭遇。"

有句话说:"没有舞台,善舞何用?"的确是这样,作为一个聪明的员工,你在企业中应该做那种让老板对你放心的人,而不应该处处提防你、压制你。如何让自己成为让老板放心的员工,拿出你的忠诚,信任重于财富。忠诚并不是一个简单的概念,也不是单向的付出。员工的忠诚不是愚忠,更不是简单的为企业效命,而是首先要忠于自己的职责和事业,把自己的职责、事业和企业的发展结合起来。忠诚度现在已经成为了世界500强企业选人、育人、留人、用人的重要标准。因为忠诚是一个优秀员工必备的品质之一。

对于老板而言,员工的忠诚是公司生存和发展的需要。员工对于老板的忠诚其实就是对公司的忠诚,同时也是对自己的忠诚。一个没有忠诚感的员工不但不会得到老板的信任和重用,还会因为自身的人格品质缺陷,在企业和社会中难以找到自己的立足之地。因为老板创办公司都是凭借着自己的辛苦建立起来的,在投入了大量的资金后,不仅仅赚钱有风险,还随时面临着破产的风险,有的时候资金都是难以回收的。因为有了这些情况和顾虑,同时公司的利润需要靠员工来创造,为了自己的利益,老板在选用员工的时候,更加看重员工的忠诚度。

刘郁芳是一家广告公司的广告图文设计师,平时在公司里面设计一些广告牌的背景,还有一些其他的产品广告介绍文章之类的工作。由于刘郁芳在公司里面是三年的老员工,老板平时对她很信任,刘郁芳也为了公司能够发展地更好,企图帮老板留住更多优秀的员工。新来的胡崇梅是一个很有才华的女孩子,但是平时有些傲气。另外,胡崇梅也许是自己的家庭条件太过于优越的原因,平时在公司里面不够节俭,经常浪费公司的东西,她在设计图纸的时候,很多印刷纸都浪费掉了。

老板看到了这一情景,很不高兴。他让刘郁芳帮忙统计,每人每周只能用50张纸。这件事对于刘郁芳来说显然是容易得罪人的,而且这样的限制会让许多员工对公司和老板有意见。为了能够挽回这个局面,刘郁芳表面上管理这件事,实际上却任由那些类似于胡崇梅那样的员工浪费。实际上，刘郁芳这样做并没有减少员工们对老板的怨恨，反而增加了彼此之间的隔阂。

此后不久，老板来检查库存复印纸和画纸的时候却发现复印纸和画纸并没有因为新的规定而节省，反而比原来浪费得更多了。以前有什么事情就反映情况的员工和刘郁芳走得很近，再加上老板的秘书陶然说刘郁芳有自己单飞的企图，老板气得暴跳如雷，于是找到了刘郁芳两个人大吵了一架。老板辞退了刘郁芳，并且十分伤心自己以前对刘郁芳的信任。而且老板一直都没有想通，自己对刘郁芳那么好，为什么她要背叛自己。

一个员工在公司里面应该摆正自己的位置，更应该懂得公司为自己提供了赖以生存的平台，没有了公司，自己也就失去了劳动的场所，失去了创造人生价值的地方，失去了生活经济来源，最后苦的还是自己。在企业中很多员工都非常有能力，但是为什么不能得到老板的重用，原因就是他们虽然很有能力，但是他们却不是老板眼中最忠诚的员工。他们在企业中的举动让老板看不到任何值得信任的地方。比如他们在公司里暗中抱团，在下班以后和同事说公司的弊端，谈论公司如何压榨员工。老板面对这样的人，唯恐避之不及，又怎么会为其升职加薪呢？

6. 主动工作，不推卸责任

> 没有人能够取代你，也没有人能够掩盖你，要活出自己的精彩，就要在工作岗位上展示自己的才华和忠诚。

忠诚，不仅是一种受雇于企业所必须具备品德，更是一种能力，一种统帅其他能力的核心。只有心怀忠诚的人，才能被老板雇佣，才能被器重的根基，才能在企业立足。有句话说，一个缺乏医德的医生不是一个好医生，那么，一个缺乏职业道德的员工也不会成为好员工。忠诚作为一种重要的职业道德，就是告诉我们要维护公司的利益，无论在何时何地，你都应该加强自觉性，在工作中变被动为主动。

老板不在的时候，你就是老板，你就是公司的主人，一切都应该以大局为重。只有公司的利益存在，才会有我们个人利益的延续。老板不在的时候，更应该忘我地工作，严格地要求自己，尽职尽责、爱岗敬业。要认真地完成自己每一项工作任务，只有这样，才能够体现出一个员工的敬业精神和忠诚的态度，才能体现出老板在与不在都一个样的职业道德。

欣凝是一家公司的销售部经理。为了能够让公司最新出品的洗涤用品能够在市场上占有大部分的份额，他决定在媒体大量宣传之前，同一些信誉比较好的经销商敲定首批的订量。就在她联系的业务的过程中，恰巧有两家公司的老板不在，而两家公司的员工却表现出了截然不同的态度。

第一家公司负责接待的女员工王贝听到欣凝是来推销新产品的，立马冷着脸说："我们老板不在，我可做不了这个主。"欣凝继续把厂家准备如何做该款产品的宣传，需要经销商如何配合进行渠道开拓的设想向王贝讲解，希望她能够理解和回应。结果王贝只是用"老板不在"这样简单的话就搪塞了欣凝，没有办法，欣凝只能悻悻而回。后来，这家公司的员工王贝因为老板不在而丧失了很好的商机，等再要求补货的时候，第二家公司已经卖得很火爆了，而且没有赶上厂家促销期的优惠待遇，利润自然大打折扣。

第二家公司的老板也不在，有了前一家的失败经历，欣凝显得有些紧张，但是她还是将这一次的商机和这家的员工李兰说了。李兰自己刚刚学到一些营销知识，敏锐地感觉到这是一个不错的商机，无论如何不能因为老板不在就让它白白溜走。于是她主动要求第二天就为他们公司送货，其他具体事宜等老板回来以后再由老板定夺。结果这家公司的员工在老板不在的时候，谈成了一桩生意，这款产品在这个城市市场上只有它一家经营，不到一个月就销售一空，连续火爆了三个月，为老板净赚10万多元。老板给李兰提升为部门经理，并给她加了薪水。

很多员工都可以用"老板不在"着四个字来推卸责任，但是一个优秀的员工永远都不会让自己缺乏主动工作的精神，而且永远保持自动自发的精神，不仅仅懂得为自己负责，也懂得为老板负责，为公司负责。其实，当老板不在的时候，你就是老板。不管老板在不在，也不管别人有没有看到，自己一定要努力，因为收获最大的是自己。要知道，任何努力都是为成长和进步积累资本。尽管表面上是为老板的公司工作，实际却是在为自己工作。不仅工资和奖金要靠自己的工作业绩来换取，个人在公司的地位升迁、人格的提升和品行的锻造无一不是自身努力的结果。

7. 忠于本职工作，履行工作职责

> 作家齐格勒说："如果你能够尽到自己的本分，脚踏实地地完成自己的本职工作，总有一天，你就能够随心所欲地从事自己想要做的事情。"

忠诚是企业中优秀员工的必须具备的品质，忠诚的员工，身上有一股强烈的责任感和使命感，他们热爱自己的工作，无论岗位多么平凡，工作多么的卑微，都能够始终如一地坚守自己的岗位，在工作中尽职尽责、一丝不苟。有人说，工作的岗位虽然不同，但忠诚没有岗位之分。无论你是领袖还是百姓，无论你是教授还是农民，无论你是老板还是员工，我们都应该静下心来，忠于自己的职守，尽心尽力地对待在职的每一天。

一家著名公司的人力资源部经理说："当我看到应聘者的简历上写着一连串的工作经历，而且是在短短的时间内，我的第一感觉就是他的工作换得太频繁了，频繁地换工作并不能代表一个人工作经验丰富，而是说明一个人的忠诚意识很弱，如果他能快速适应一份工作，对自己所在的企业和老板足够地忠诚，就不会轻易离开，毕竟频繁换工作的成本还是很大的。"现实生活中，很多年轻人失去了做事业应该具备的最宝贵的忠诚，工作没有方向，遇难而退，眼高手低，以至于碌碌无为，事业无成。最终，对不起社会，对不起企业，也对不起自己。

尼克和艾莉丝同在一个货运公司做仓管员。尼克很能吃苦耐劳，不管是平常工作日还是周末休息日，无论刮风还是下雨，他都能每天坚持上班，做工作也非常认真负责，就好像这家公司是自己开的一样。

艾莉丝通常是工作日正常上班，周末无论发生什么事，都不会回公司。她觉得只要不在上班时间，无论仓库发生什么，都和自己无关。

一天半夜，一场暴风雨突然来临，尼克惊醒后立即从床上爬起来，打电话给艾莉丝，说要去看看公司仓库安不安全。艾莉丝劝他说："外面雨这么大，多危险呀。""既然我们是仓管，就要保证仓管货物的安全。"说完，尼克披上衣服，拿着手电筒冲进大风大雨中，直奔仓库。他察看了一个又一个仓库窗户，并加固了仓库门。

这时候，老板也来到仓库，看到了被雨淋得全身湿透了的尼克，看着完好无损的货物，老板为这种忠于职守的行为感动了。一个月后，尼克被提拔为仓库主管，而艾莉丝却依然做着仓管员。

　　在工作中，只有忠于本职工作，履行好工作职责，成功才会近在咫尺。文中的尼克就具备这种坚守岗位，尽职尽责的精神，令人肃然起敬。忠于职守，这是每一个员工的职业道德准则，它不仅要求员工对自己所负责的工作尽到应尽的责任，而且还要求员工在做事情的时候不能敷衍了事，忠实履行自己的日常工作职责，要做到尽心尽力。

　　事实上，任何人要想获得职业发展的机会，唯一的做法就是尽职尽责每一天，踏踏实实做好现在的工作，在普通平凡的工作中全心全意地付出。忠于职守，就能从工作中学习体验到更多有用的东西，积累起更多的经验。

　　由此可见，公司最欣赏那些忠于职守的员工。对于老板来说，这样的员工是一笔最宝贵的财富，是推动公司不断发展壮大的中坚力量，无疑他会愿意给予其最大的发展空间和更多的晋升机会。

8. 忠诚的员工，才会受到老板的重用

> 钢铁大王安德鲁·卡内基认为，一个企业能否发展，员工的忠诚度是关键所在。

　　忠诚不是一个简单的概念，也不是单向的付出。员工的忠诚不是愚忠，不是简单地为企业效命，而是要首先忠诚于自己的职责和事业，把自己的职责、事业与企业的发展结合起来。忠诚是比能力更重要的一种品格，它能够让你成为公司里面的"自己人"，成为老板重用的"心腹"。在企业里，忠诚是每个员工的立身之本，是生存发展的重要品质。

因为忠诚，你才能让老板觉得你是"自己人"，你才能够获得信任、机遇和提升，从而实现自己的人生理想。

如果说金子是这个世界上最珍贵的东西，那么还有一种比金子更加珍贵的东西，那就是忠诚。西点军校最著名的巴顿将军说："我不需要一个才华横溢的班子，我要的是忠诚和执行。"可见，忠诚这种品质在企业中是多么的重要。可以说，现代的企业中，重视员工的忠诚度已经远远胜于能力的大小。每个企业的发展和壮大都是靠员工的忠诚来维持的，员工对于老板的忠诚，就是对自己事业的忠诚。忠诚不是阿谀奉承，也不是空口说白话，它要经受考验，要有具体的表现。当公司经营出现某种问题的时候，便是检验员工忠诚度的最佳时机。

吉尔伯斯所在的公司面临很大的危机：公司的最新产品刚刚上市，还没开始大规模生产，此时，竞争对手就推出了一款比自己公司的成本低，而且又十分类似的新产品，抢占了大部分市场。除此之外，还有一件可悲的事情，过去的一个欠了公司大笔债务的客户突然宣布破产，债务因此也就泡汤了。更为雪上加霜的是，一些材料供应商也大大抬高了价格。一时间，公司陷入了前有堵截、后有追兵的两难境地。

看到公司已经濒临破产的边缘，很多同事都离开了公司，有些留下来的同事其实也在另谋高就，根本都无心工作。公司举步维艰，再看到同事们现在的情况，吉尔伯斯十分痛心，可是，到底该怎样才能解决问题呢？吉尔伯斯也没有好的办法。

为了减轻公司的负担，吉尔伯斯连续几天都在考虑如何才能通过自己的努力帮助公司，他想来想去，只能从产品上入手。一天，吉尔伯斯突然想到了妻子的导师——一位很出名的老教授。于是，他很快找到了产品研发部经理，经过妻子的引荐，他们一同拜访了那位老教授，吉尔伯斯把具体情况向老教授说了一遍，通过和老教授的深入磋商，老教授最终答应和他们公司合作开发一种比竞争对手的价格还便宜的产品。

同时，因为吉尔伯斯主要负责公司售后服务部的工作，他把现有的一部分售后服务人员组织起来，让他们主动到老客户那里进行产品维修和维护工作，用加强售后服务的方法，挽回老客户的心。

令竞争对手没有想到的是，吉尔伯斯所在的公司和老教授合作开发的新产品成功上市之后，受到了人们的一致好评。与此同时，一些老客户们纷纷表示要恢复和公司长期的合作关系，而且他们还为公司带来了许多新客户。

最后，在公司全体员工的共同努力下，吉尔伯斯所在的公司终于走出了困境。因为吉尔伯斯在公司面临困境的时候，对公司表现得非常忠诚，全心全意为公司献计出力，努力使公司走上了正轨，所以董事会决定任命他为公司的营销经理。

现实的生活中，很多人都有可能会遇到吉尔伯斯公司出现的问题，但是有几个人能够像吉尔伯斯一样，即便是公司已经面临倒闭的紧急时刻，依然能够对公司忠诚不贰，与公司同舟共济，荣辱与共，全心全力地为公司工作，把公司当成是自己的公司。如果你在关键的时刻表现出了自己的忠诚，老板自然会把你当成"自己人"，委以重任。忠诚是一种美德，在职场上没有比忠诚更可贵的东西了。一位成功学家说："如果你是忠诚的，你就会成功。"因此，对于一个员工而言，忠诚就是你成功的通行证。

忠诚的人容易获得别人的信任和支持，更容易获得成功的机会。在企业中，一个失掉忠诚，朝秦暮楚，只顾自己利益得失的人，永远都不可能得到老板的重用。因此，在企业中，你需要全面地践行忠诚，全方位地塑造忠诚，让忠诚成为你的习惯和品质。这样的话，才能更有利于你取得事业上的成功。

第十二章

谦虚：不自满者受益，不自是者博闻

　　谦虚是一种修养，一种人生的姿态，一种重要的职场优秀品格。不要做出一点成绩就急忙论功行赏，这样的人是没有担当重任的可能的。有些时候功劳不需要自己说，老板也看得见。该是你的业绩谁也抢不走，不是你的功劳你也争不来。另外，不要仗着自己年长或者能力强，就鄙视那些比你年轻或者比你能力稍差的人，你要知道，和年轻人相比，你输掉的是青春；和能力稍弱的比，你输掉的是提升的空间。不要总是觉得老板"大材小用"，如果不验证你能不能做好最简单的事情，怎么能看出你能不能做重要的工作？没事的时候多问问自己几斤几两，不要觉得公司离了你就不能正常运营，你现在得意，将来是否还能如何，还真的不好说。

1. 做好本职工作，不逾矩

> 有句话说："你是不是重要人物，看你每天做什么事就知道；你能不能成为重要人物，看你每天做什么事就知道。"

为人做事要谦虚，在职场中更应该如此。谦虚所展现的不仅仅是礼貌，更是人的一种涵养。在人生和职场中，做事切忌过于张扬，尤其是说话和做事，一定要符合自己的身份，千万不要"越俎代庖"。职场中有个铁一般的定律就是：你可以有性格，但是不能有个性；可以很牛气，但是绝不能高调；可以很强大，但万不可比别人表现得更强大。那些无所顾忌的员工，通常都没有什么好的下场。

如何说话做事符合自己的身份？有句话说："聪明人不是摆在货架上让人看的，而是揣在兜里自己用的。"在职场中，对于做任何工作都要记得面露微笑，并且细心地将所有工作都记下来，然后自己低头做事，让老板放心。职场中，不懂得谦虚的人，通常喜欢"拿着鸡毛当令箭"，是职场中最不受欢迎的人。

海波在上大三的时候，就到舅舅的公司上班实习。起初海波工作很认真，而且由于舅舅的原因，很多人都愿意在工作上帮助她。很多公司里面的小干部都愿意接近她，就连主管都把本来应该是她做的工作交给别的员工做，然后领工资的时候，让海波来领。在公司做了半年的时候，海波的舅舅就给她安排了一个组长的职务，因为看到海波交上来的业绩，觉得她应该是可以在工作中得到锻炼的。

由于公司里最大的权力都在舅舅的手中，海波做起事情来总是毫无顾忌。虽然自己没有什么能力，但是自己是舅舅钦点的组长，每天她都要把员工上交的作业检查一遍，有的时候甚至会逾越自己的权限范围，检查一些不是自己职责里的工作，起初大家谁都没有说什么。还是按部就班地配合她的工作。但是过了一段时间，海波就更加过分了。起初是和原来小组的组长吵架，其实她们两人属于同一级别，但是她总是要到对方的组里检查工作。

海波和小组组长发生完冲突以后，每天悠然自得，而且她深知在这个公司里面，舅舅是老大，只要有舅舅在，这些人就不敢把自己怎么样。她开始肆无忌惮地迟到，上班期间用电脑玩游戏，有的时候还弄一些好吃的零食放在办公室里面吃。别人员工迟到了，她就在考勤上记上一笔，然后月末统一交到舅舅那里扣钱。很多工作应是部门经理做的，她都做了。有一次部门经理婉转提醒海波，她居然很生气地说："这是我舅舅的公司，要你们这些吃干饭的家伙有什么用，统计考勤、检查工作你们有哪一样不是靠我帮忙？"听到海波这句话，部门经理和海波吵了起来。

部门的经理非常生气，但是很多同事都劝部门经理说："人家舅舅是公司的老大，你还是忍一忍，好汉不吃眼前亏吧。"部门经理实在是无法忍受海波的侮辱，就到海波舅舅那里去请辞。海波的舅舅看到部门经理要辞职，感到很疑惑。于是问他："为什么你做得好好的要离开？"部门经理几次欲言又止。海波舅舅觉得有点问题，于是没有批准部门经理的请辞。他让秘书叫来了公司里的员工和小组长，大家都说："老总，我们也辞职吧，咱们这里也没有什么我们能做的，有海波一个人足够了，她什么都会做，上至部门经理，下至组长，所有的活，她都不在话下。"

海波舅舅听了大家的话说："哦，原来是这样，没事，你们做你们的，我单独和海波谈谈。"后来海波被舅舅狠狠地训斥了一番，批评她拿鸡毛当令箭。之后海波觉得颜面无存，一个人带着东西回学校了。

别太把自己当回事，无论你有多厉害，都不要总是过分地行使自己的权力，更不要逾权。要知道，真正厉害的人是不需要任何封号或者评价的，做人行事不要太过于张扬，更不要该管的不该管的都要插上一脚。一个想要显摆自己厉害的人，抡着大刀，也许会伤不到别人，但同时会让自己遍体鳞伤。

谦虚是职场中必须具备的一种优秀品格，拥有谦虚品质的员工，才不会在工作的过程中随意的夸大自己的工作能力，而是踏实地工作。在自己的位置上，认真地完成自己的工作。无论是工作还是生活，他们都不会逾越自己的范围，做到说话做事符合自己的身份。

2. 不要卖弄老资格

> 才高不必自傲，不要以为自己不说、不宣扬，别人就看不到你的功劳，所以别在同事面前炫耀。

常言道："木秀于林，风必摧之。"在职场中说话做事不要仗着自己的资格老，或者仗着自己有点小本领就找不着北了。为人做事要谦虚，尤其是在职场中。正所谓"山外青山楼外楼"，这个世界上，能力强的人到处都是，千万不能因为自己在某一领域或者某一件事情上，稍有成就就得意扬扬。在职场中，没有所谓的老资格，能力是重要的，优秀的品质更是不可缺少的。

黄薇大学毕业一年了，在公司里有一个比她大一岁的同事胡灵。胡灵上班比黄薇早一年,但是她经历过很多的工作环境,可以说比黄薇的工作经验要"丰富"很多。刚刚到单位面试的时候,两个人是一起来的,但是胡灵比黄薇早报到了四个月。黄薇报到以后,和当时共同的主管相处得十分融洽。

胡灵是一个非常喜欢摆老资格的人,即便是她仅仅比黄薇早到了四个月。在黄薇的心里,要是主管摆摆谱,有点架子是很正常的,但是胡灵不大不小地在那摆老资格算什么呢?最让黄薇忍受不了的是胡灵总是在外人面前表现得好像她很有派头,很有领导风范的那个架势。两个人一起到外面公出,黄薇在单位的老员工面前打扫卫生,跟那些真正的老同志抢笤帚,但是胡灵却翘着二郎腿,在那坐着,并对老同志说:"让小黄干吧,让她扫地,她年轻,多干点是应该的。"

听到胡灵的话,黄薇的气就不打一处来。没过多久,黄薇因为业绩突出,被升为改组的组长,胡灵也是她手下的一名员工。但是每当有什么上面交代下来的任务,还没等黄薇说什么,胡灵就急忙说:"帮我们组谢谢老板啊,我们一定努力工作。"这个时候站在旁边的黄薇显得特别多余和没有能力,但是站在边上的主管却将这一切看在眼里。

有一次,主管交代任务。黄薇过去接文件,没想到胡灵急忙站起身,并说:"交给我吧!"主管绕过胡灵的手,将文件递交到黄薇的手里,并对胡灵说:"我给的是组长,你是吗?"胡灵瞬间感到无地自容。

不要卖弄老资格,新来的员工看到你卖弄老资格,还在原地踏步没有升职,嘲笑的是你自己。老员工眼中,你要业绩没业绩,要成绩也不如他们,卖弄只会让你显得很没有水准。不要总是那么喜欢率性而为,极力地标榜自己的个性,做什么事情总是想要和其他人不同。

狄帅是一家中介公司的业务员,在公司里面刚刚做了半年,但是由于他超强的业务能力,在半年间,他的业绩就超越了一些公司里面的老员工。有一批新的员工虽然承认他的工作能力，但是由于他在平时的工作中总是显得目中无人，大家都不喜欢他。凭借着自己业绩的突出、老板的信任和宠爱，这个时候的狄帅就变得完全无所顾忌了。

有一次，领导在开会的时候，有个新员工提出了一些工作上遇到的问题，领导还没有说话，狄帅接过话茬就给解答了。领导显得十分尴尬，问问题的新员工也很后悔自己不应该问问题，老板也很不满意狄帅的表现。但是为了给自己台阶下，领导只能假装自己没听见、没看见，把问题再重新地给新的员工回答一遍。

还有一次，同事小张过生日，领导提出给小张开一个生日派对，派对上大家一起站起来给领导和小张敬酒，狄帅也和领导学，坐在那里举起了自己的杯子，很多同事看到了都觉得十分别扭，对于狄帅这几次的表现，领导心里也很不满意。

同事小张家里条件一直都不是很好，平时同事们在公司里面吃工作套餐或者几个人结伙到楼下的小饭馆吃饭。饭后大家起来结账的时候，小张拿出了自己的那份钱，狄帅却一把将他的钱推回去说："你家里条件不好，还是别各付个的了，这顿我请大家吧。"虽然他是好心，但是他的话却深深地伤害了小张。旁边的一些同事也觉得狄帅这样说话让小张很难堪，大家都对他产生了厌恶之情。最后领导找了一些理由辞退了狄帅。

不要把自己太当回事，只有低调做人才能不断地充实、完善自己，缔造完善人生。要懂得"才大不可气粗，居功不可自傲"。

3. 抱怨被大材小用时，先评判自己是否真有才

> 不要只能吃下一碗饭，非要捧着一盆饭。吃快了容易消化不良，吃多了胃容易撑爆。

现在的年轻人在职场中，难免会有一种被大材小用的心理，似乎自己现在的职位就是老板不识才而委屈自己的。其实，仔细想来大材小用的心理是一种病态的心理，与其说大材小用，不如说成眼高手低。大部分的员工都是那种"志向很丰满，能力很骨感"的人。满脑子的"坐享其成"，全身心的"守株待兔"，由于这种心理的落差和现实的蹉跎感才会衍生出这种大材小用的心理。

不要总是抱怨你的老板"有眼不识泰山"，首先你要客观地看一看自己到底有没有那个能力。不要只能吃下一碗饭，非要捧着一盆饭。吃快了容易消化不良，吃多了胃容易撑爆。按部就班、脚踏实地地工作，才是职场中的年轻人应该追求的。

小刘是学习新闻采编专业毕业的大学生，他进入了一家报社做编辑和新闻记者。但是由于他没有经验，而且刚刚大学毕业，就只能暂时做实习生。做实习生的小刘学习起来很认真，平时和一些资深的记者跑跑现场，做个笔录，然后再回去和老编辑学习编辑稿子，一切事情都很正常，时间过去了3个月。三个月后，根据社长的要求，小刘就要升职为正式的员工了。

有一天，在开会的时候，由于资深的记者小黄抓到了热点新闻，社里面很多人都能得到社长的奖励，大家都开心地聚在一起开会。会议

上，社长重点表扬小黄，然后对正在实习的小刘说："以后多向小黄学习，找一找热点新闻，这样你以后就不用愁啦！"小刘很认真地点点头。在大会马上就开完，大家快要散场的时候，社长对小刘说："麻烦你开完会后给大家订盒饭，按人头，我请客。"没想到实习生小刘听到社长这样说却很认真地回答："对不起，我是来当实习记者的，这种订盒饭的事我是不会做的。"

当时，会上的气氛十分尴尬，社长半天说不出话来，他站起来后，又忽地重重地坐在了椅子上，然后压制自己的情绪反问道："你是来实习记者的，订盒饭的事情就不会？那么你也是来实习三个月的，明天就正好三个月了，是不是你明天就不用来了？"听到社长的话，小刘很激动，他眼含泪水激动地说："我在这里实习了三个月，马上就要转正了，你们却要我做订盒饭这种打杂的事情，你们还是人吗？不做就让我走。"

实习生小刘的这段话让旁边的副社长听了，心里很不痛快，他接过话去说："我工作13年，有一半时间做编稿子的事情，有将近半年的时间是做一些端茶递水的事情。如果不打杂，我现在也只是个二流编辑，而不是一个一流的副社长。"社长也很气愤地说："我刚刚做编辑的那会儿，由于我平时精打细算，我还要在社里面做着会计的活。每个部门发通知之类的杂文都要我去写，我还成为了文秘。如果不是因为我什么都做过，我现在也当不上这个社长。"小刘什么都没有说，他心里面一直都认为订盒饭这件事侮辱了他的人格尊严。

其实，订盒饭并不是简单的一个盒饭那么简单的事情，而是订盒饭能够让你通过这个举动迅速地融入集体的队伍中来。从订盒饭这件简单的事情可以成为集体观察你的放大镜，也可以让集体认可你能力。当你能够把盒饭这么简单和复杂的事情做好的时候，你就已经从订盒饭开始，逐渐走进了一个团队的内心了。

一位资深的 HR 经理曾说过这样的两句话：第一，只有服务好同事，才能让人相信你有能力服务好客户；第二，一个团队里，挑事情做的人，永远做不了你想做的事。

如果你在乎你的工作，你就需要把心沉下来，认认真真地做事。不要总觉得自己很厉害，平凡的小事不是自己做的。你要知道小事你不做，大事你永远做不到。不要总觉得自己就是宰牛的刀，杀不了鸡。你不试试杀鸡，谁敢用你宰牛？做人做事都要谦虚，尤其在职场中，不要总是觉得自己很了不起，了不起的人一般都是不挑事情做的，只有那些没什么本事的人才会去挑事情做。

4. 居功自傲前先清醒地审视自己

> 自以为是者，不足；自以为明者，不明。自明，然后能明人。一个人连自己都不能看清，自然也无法看清别人，有的时候面临险恶的境地却不能自知，还幼稚地妄自尊大，这样只会害了自己。人贵有自知之明，可怕的自我陶醉比公开的挑战更危险。

在职场中，有自知之明非常重要，而只有那些有着谦虚谨慎等优秀品质的人才可能具有自知之明的。一个员工如果没有自知之明，就不能在工作中明白自己到底几斤几两。这样的员工通常有了一点小成功或者小业绩，就觉得自己非常了不起，不把任何人放在眼里。其实，现在这个社会中，遍地都是人才，你以为自己能够吞下一只老虎，其实站在你旁边的人，也许能够吞下一头大象。

在自然界中，狼被称为"草原之王"，其实狼也想成为"百兽之王"，但它很清楚自己不是老虎，所以，他不会盲目地攻击比自己强大的目标，更不会以为自己天下无敌。一个对自己缺少充分认识的人，做什么事情都会显得莽撞，没有目的性和针对性，做事情往往适得其反。其实就是老百姓日常所说的"不知天高地厚"。

"人贵有自知之明"，一个人活在这个世界上重要的是明白自己的水平，一个不能准确找到自己位置的人，根本无法正确地估计自己的价值，这样只会贻笑大方。他们总是一副"唯我独尊"的样子，把任何人都不放在眼里。

小胡是一个喜欢舞文弄墨的人，经常喜欢在很多人面前显摆自己的文采如何的高超。一次，小胡听说邻居的侄女从北京回来了，是做文字编辑的，于是就拿出自己的"诗作"跑过去让她欣赏。这个女孩看了看笑道说："这首诗写得非常好，陆游一直是我非常喜欢的诗人，不过其中两个字不太一样，你应该是写错了吧？"小胡急忙为自己辩解："这首诗不是陆游的，是我自己写的。"女孩并没有说什么，笑笑无语。

一个人要有自知之明才能够认清自己，去做一些力所能及的事情。自知之明的可贵之处在于它能够指导人们依据自身的优劣势，量力而行，选择适合自己的道路，这样的话，在人生的旅途中才不会迷失。一个人要真正的提高自己，明确的清楚自己、认识自己，在审视自己的时候，你就需要跳出自我的那个圈子，站在圈外，这样才能更加正确地认识自己。切忌狂妄自大、孤芳自赏。

孔子曰："三人行，必有我师焉。"每个人都有自己的优点和缺点，一个人若不自知，就容易受到别人的蛊惑，把对方对自己的阿谀奉承信以为真，最后落入别人的圈套之中。明白自己的能力和现状是告诉人们在社会上怎么样能够生存得更好,有些人不清楚自己的底细,不能够看清自己,就无法给自己一个准确的人生地位,就无法有一个准确的人生奋斗目标。

5. 不要做管理者手下的"刺儿头"

> 艾琳·凯曾说:"我每次遇到员工不遵守纪律时,都同这个员工商量,采取哪些具体措施以改进工作。如果这种努力不能奏效,那我必须考虑采取对员工和公司可能都是最好的办法。当我发现一个员工不遵守纪律、工作老出差错时,就决定不要他,因为遵守纪律没商量。"

什么是管理者手下的"刺儿头",实际上就是那些在工作中喜欢与管理者较劲,喜欢与上司唱对台戏的员工。聪明的员工一定不要让自己成为管理者眼中的"刺儿头"。因为任何一位管理者都不愿意让这样的人受到重用,更不愿意给这样的人加薪晋职的机会。一个不懂得自重、随意妄为的员工,总是在平时的工作中与自己的上司划出一道明显的鸿沟。认为自己只要在工作中什么都能过得去,落得个潇洒自在,谁也不能把自己怎么样。实际上,这种行为不仅不利于自己的事业,也不利于组织的团结和成长。如果你想要使自己的职业生涯长一些,有足够的发展空间和晋升的机会,就请你自己拔掉自己身上的"刺儿"。

每一家公司里面都有一些这样的人,他们身无所长,或者进取心不强,不喜欢听从领导的指挥,集体主义观念薄弱,对于任何人说的话、做的事都表现得满不在乎。还有一些恃才傲物、无视上司的人,觉得自己无所不能,工作能力强,不愿意受领导的调遣。这些人都是上司眼中最感到头疼的"刺儿头",如果你是老板,你是喜欢养虎为患?还是早日拔除呢?相信你的心中已经有答案了。

李彤是一家公司的普通职员,平时总是一副吊儿郎当的样子。她看不惯上司在她的眼前摆"官架子",所以总是有意无意地和上司对抗。有一次,上司问李彤:"小李,我让你复印的资料怎么样了?"李彤三分惊讶七分漫不经心地反问:"复印什么资料?"当着所有同事的面,上司觉得很丢面子,气呼呼地训斥道:"你怎么对我说过的话这样不放在心上呢?"听到上司的反问,李彤没有说任何的话,而是转身走了,这让上司觉得十分不快。

还有一次,上司看到李彤,就问她昨天校对文件的事。上司气愤地说:"小李,你昨天的稿子怎么校对的,你用心了吗?"听到上司的问话,李彤反问道:"我怎么不用心了?"上司立马把文件摔倒桌子上,愤怒地吼道:"你和谁说话呢?简直是毫无教养!"听到上司的训斥,李彤急忙回敬道:"还有脸骂别人,张口闭口就是脏话,你有没有教养?"看到要打起来的架势,其他的同事急忙拉住双方,把李彤拉近了总经理办公室。

总经理看到李彤的样子,很讽刺地说:"呦,这不是李董事吗?谁惹你了啊?"听到总经理的话,李彤显得很不自在地说:"马总,冯组每天都臭摆官架子。"总经理冷笑着说道:"是吗?他的官架子可没有你李董事的大啊,他是组长还是你是组长?昨天那个文件你把小数点都弄错了,工作上完全不用心。自己错了还不让问,你来当当老板看看。"李彤把头低下,脸红了起来。

作为一个企业中典型的难驯者,没有哪个领导那么好说话,每一次都去安抚你。人家找员工不是要养个"大爷"。你必须知道,在公司里面,即便是你再怎么有才华、有能力,如果你不能与你的上司相处融洽，上司是不会给你施展才华的机会的。你越是自恃才高八斗，就越是阻碍了自己发展前途的道路，而且在公司里面做"刺儿头"，就是上司眼中阻碍公司发展的绊脚石。

在职场上，怎样适应和发展是非常重要的问题。我们既不能千人一面、人云亦云，像应声虫一样叫怎样做就怎样做，头脑简单毫无创意，也不能和上司对着干，不听话的员工往往没有好结果。一个下属如果处处和上司唱对台戏，肯定不会得到上司欣赏。任何企业的各项规章制度都不能成为摆设，公司常以有效的手段保证其政策得以贯彻落实，一旦发现有人违规犯戒，就会受到惩处，绝不姑息迁就。

6. 任何一位员工都有值得你学习的地方

> 透过批评的眼睛看，世界充满了有缺陷过失的人；透过傲慢的眼睛看，这世界充满了低贱愚痴的人；透过智慧的眼睛看，你会发现原来每一个人，都有值得你尊重和学习的地方。

在职场中，想要学到更多的东西，你首先要学会用欣赏的眼光去看待别人。很多人都憎恶别人比自己强，其实这是虚荣心在作怪。有句话说："能鼓掌是一种大度，能欣赏是一种涵养。"如果一个企业中的员工彼此互不欣赏，彼此之间的合作就很难进行，因为互不欣赏就会互相拆台，那么，企业中就很难做出更大的成绩来。同事之间如果能够互相欣赏、互相学习，这就是 1＋1＞2。如果彼此都较着劲，暗地里互相拆台，结果就只能是零或者负数。虽然说"人无完人"，但是每个人的确都有值得欣赏的地方。俗话说："骏马虽千里，耕田不如牛。"尺有所短，寸有所长。当我们为他人鼓掌的时候，还要提高自信心，要积极地发现对方的长处。

向你的同事学习，你可以变得更加优秀，还可以获得更多的机会。好员工是不会错过这样的一个学习机会的，他们能够从同事和领导平时的一言一行或者一举一动中得到很多的信息，比如你可以向你的领导学习，因为能够成为领导，就一定有他的过人之处。最好的学习对象就在我们的身边，不要视而不见，也不要不好意思。虚心向你身边的领导和同事取经，这会让你的职业生涯充满乐趣。

许杰是一家儿童玩具公司的经理助理，在经理的身边，他学会了很多的东西。老板是一个商业的谈判高手，每当有机会与经理一起参加商业谈判的时候，他总是在口袋里准备一个微型的录音机，将老板和对方的谈判内容一句句地录下来，回家再继续听，不断地揣摩、学习，思考自己的经理是怎样分析问题的，同时又是怎样应对问题的。

有一次，公司的事物繁忙，经理走不开，许杰主动请缨，要完成这次谈判。结果许杰这次的谈判为公司赢得了利益，而且让对手大赞其风度翩翩、头脑聪明、灵活。为了表彰许杰的成功表现，老板升职许杰为副经理。

公司里面有一个员工名叫张弘，每一次都能很好地完成任务，并且在她工作的时候，从来都没有出现过任何的错误。许杰虽然已经做到了副经理的位置，但是仍然很注重自己的学习，因为自己就是通过不断的学习才升职的。许杰发现张弘会把每一次开会的记录都按照时间记录在本子上，而且在她的办公桌上，有一个时间安排表。文件夹也是按照红、粉、橙、黄四种颜色分类的，红色到黄色的渐变过程中，代表着工作的轻重缓急。凭借这样的好习惯，张弘从来都没有错过任何一个重要的工作，也很能处理好自己的小工作。

许杰也按照张弘的方法,将自己一天要处理的事情按照轻重缓急分门别类地放到四种颜色不同的文件夹中,然后还把自己每天要完成的工作制定了一张计划表,他的工作效率也大大地提高了,在不久后就升职为经理,公司里面很多重要的事情都交给他来做,他也成为了老板最信任的人之一。

许杰能够成为一个成功人士,就是他因为善于学习。对于很多职场的新人来说,工作和生活的经验都很匮乏。对于工作中的很多事情,都需要依赖于他人的指导完成。如果你能够凭借自己的努力和对身边的领导或者同事积极地学习,你就可以避免走很多的弯路。对于一个能够自爱、经常以积极、谦虚的态度请教他人的人,很多人都是非常乐于慷慨相助的。

7. 别拿过去的成绩作为当下炫耀的资本

> 杰克·韦尔奇说:"纠正自身的行为,认清自己,从零开始,你将重新走上职场的坦途。"

职场中的很多人都喜欢向他人证明自己有多优秀。其实,无论你有多优秀,只要你想让自己更加优秀或者让自己能够成长得更快,你都需要让自己有一个"归零"的心态。让自己放低姿态,好好沉淀下来,抱着学习的态度去适应新的环境,迎接新的挑战。在职场中,不要总是和你的老板或者你的同事说你以前有多么优秀,其实大家都不比你差。现实的社会中,要"只讲事实,不讲故事",要么你努力的向所有人证明你有多优秀,要么你放低自己,做好自己的一切。每一个刚刚步入职场的年轻人都是一个U盘，若想要让自己储存更多有用的东西，就要适时的清除和删除过时的东西，让自己随时都可以汲取新的内容。

在职场中，能够拥有"归零"的心态的人才更容易不断地提升自我，最终获得事业上的成功。一个人越是爱在工作上斤斤计较、挑三拣四，越是难以获得晋升或发展的机会。过去再优秀，只能为你过去的辉煌，一个新的工作注重的你当下的表现，所以，切勿拿过去的成绩当作当下炫耀的资本。

刘秀娜是一个十分优秀的女孩子，在大学时期就经常拿奖学金。进入职场后，一直觉得自己什么都会，根本不需要学习什么东西，每天她只是完成自己的手头上的工作。老板看到刘秀娜的工作完成得很快，于是就又分配给她一部分比较难完成的工作，但是刘秀娜觉得这些工作都太简单，所以不愿意去接受。领导的批评她又会觉得太过于小题大做了，这样她郁闷了很久，工作也不是很顺心。

领导实在看不过去了，就对刘秀娜说："你说这个不是简单吗？那么这么简单的事情应该很容易做好，明天你把它完成了，交给我，我立马给你调工作；如果你明天完不成，你就给我老老实实地从底层做起，不要每天一副盛气凌人的样子。"刘秀娜没有说什么，接过工作研究了一天，还是没有研究明白，结果两天过去了，领导也没有来找她，她心里感觉不舒服，于是打电话向大学的老师说了这件事。

老师说："你应该去找你的领导认错，一个人无论你以前有多优秀，都不应该抓住自己的过去不放手，任何一个行业对你来说都是全新的，你需要虚心学习。"刘秀娜听了老师的话，她找到了领导，并且承认自己的错误。领导什么都没说，而是派了公司里面的老员工去教刘秀娜怎样完成手上的任务，刘秀娜才明白，领导只不过是想让自己多学点东西，并不是和自己计较。

初入职场的年轻人要让自己处于一个"归零"的心态，这样才不会让自己在职场中成为那个背负重壳的蜗牛，从而轻盈地上路。年轻人要拂去自己身上的傲气，千万不要认为自己无所不能。要知道，你无非是初入职场，你需要学习的东西还有很多，只有放低自己的姿态，你才能看到最美的风景。